Schnellaufende Dieselmaschinen

unter besonderer Berücksichtigung der während des
Krieges ausgebildeten U-Boots-Dieselmaschinen
und Bord-Dieseldynamos

Von

Dr.-Ing. Otto Föppl   und   **Dr.-Ing. H. Strombeck**
Marinebaumeister, Wilhelmshaven   Wilhelmshaven

Mit 95 Textfiguren und 6 Tafeln
darunter Zusammenstellungen von Maschinen von AEG, Benz, Daimler,
Germaniawerft, Görlitzer M.A.-G., Körting und MAN Augsburg

Springer-Verlag Berlin Heidelberg GmbH
1920

Vorwort.

Wie auf manchen anderen Gebieten hat der Krieg auch auf dem Gebiete des Dieselmotorenbaues eine wesentlich beschleunigte Entwicklung hervorgebracht. Durch den U-Bootskrieg entstand plötzlich ein großer Bedarf an raschlaufenden Dieselmaschinen, an die hohe Anforderungen in bezug auf Leistungsfähigkeit und Betriebsicherheit gestellt wurden. Ein großer Teil der deutschen Maschinenfabriken schaffte mit Hochdruck am Bau der Dieselmaschinen. Der Massenlieferung entsprachen rasche Fortschritte, die noch besonders durch den regen Verkehr zwischen den Ölmaschinen bauenden Fabriken und den an den Maschinen Erfahrungen sammelnden Marinedienststellen gefördert wurden.

Am Bau und der Entwicklung der U-Boots-Viertaktdieselmaschinen haben sich die Firmen: Maschinenfabrik Augsburg-Nürnberg Werk Augsburg, Gebr. Körting Hannover, Benz Mannheim, Germaniawerft Kiel, Daimler Zweigniederlassung Berlin-Marienfelde und AEG Berlin beteiligt; nach Zeichnungen der MAN haben außerdem noch einige Werften (Vulkan, Blohm und Voß, Weser) gebaut. Die Zweitaktmaschine ist vor allem von der Germaniawerft entwickelt worden. Man sieht aus der Namennennung, daß die leistungsfähigsten deutschen Maschinenfabriken an dem steten Wettbewerb, die beste U-Boots-Dieselmaschine zu schaffen, beteiligt gewesen sind. Der große Aufwand zeitigte große Ergebnisse: Die schnellaufenden Dieselmaschinen sind in kurzer Zeit zu einer hohen Vollkommenheit gebracht worden, so daß sie neben geringem Gewicht und Platzbedarf bei gegebener Leistung auch eine hohe Stufe der Betriebsicherheit erreicht haben.

Der Zweck, für den die Maschinen ursprünglich bestimmt gewesen sind — als Antriebsmaschinen für U-Boote —, ist durch den unglücklichen Ausgang des Krieges hinfällig geworden: Deutschland hat für die nächsten Jahrzehnte keinen Bedarf mehr an U-Booten. Die hoch vervollkommneten Dieselmaschinen können aber nach kleinen Abänderungen für andere Zwecke Verwendung finden. Das ist vor allem deshalb nötig, weil viele Hunderte von diesen Maschinen in allen Größen von 300—3000 PS (vor allem 300-, 530-, 1200-, 1750- und 3000-PS-Maschinen) fertig sind und auf einen Käufer im In- oder Auslande warten, der sie friedlichen Zwecken dienstbar macht. Wenn diese Maschinen untergebracht sind, werden sie neue Freunde in der Praxis finden, und die Maschinenfabriken werden die im Krieg gewonnenen Erfahrungen für den Bau von neuen, den verschiedenen Verwendungszwecken von vornherein angepaßten Maschinen verwerten können.

Die im Krieg an den schnellaufenden Dieselmaschinen gewonnenen Erfahrungen haben unter diesen Umständen besonderen Wert für die Praxis, die die schnellaufenden Dieselmaschinen weiter verwenden soll. Das Reichsmarineamt in Berlin und die Unterseebootsinspektion in Kiel haben in Würdigung der neuen Lage meine Bitte, die Genehmigung zur Veröffentlichung dieses Buches zu erteilen, erfüllt. Ihnen sowie den Firmen AEG, Benz, Daimler, Germaniawerft, Görlitzer Maschinenbauanstalt, Körting und MAN, die durch die Erlaubnis zur Veröffentlichung von Zusammenstellungszeichnungen den Inhalt des Büchleins wesentlich bereicherten, sage ich meinen besonderen Dank.

Auf meine Bitte hin hat sich Herr Dr. Strombeck, der mit mir und anderen Herren zusammen auf der Werft Wilhelmshaven die Instandsetzungsarbeiten an den maschinenbaulichen Anlagen der U-Boote während des Krieges ausgeführt hat, bereit gefunden, sich an der Abfassung des Buches zu beteiligen. Herr Strombeck hat die Abfassung des III. Kapitels „Erfahrungen" übernommen.

Der Zweck dieses Buches ist es nicht, dem Konstrukteur die Unterlagen für den Bau von schnellaufenden Dieselmaschinen zu geben. Konstruktive Unterlagen findet er in den mit vielen Zeichnungen ausgestatteten Büchern von H. Güldner (Das Entwerfen und Berechnen der Verbrennungskraftmaschinen und Kraftgasanlagen), K. Körner (Der Bau des Dieselmotors) und soweit Schiffsmaschinen in Frage kommen von W. Scholz (Schiffsölmaschinen). Bei Abfassung des vorliegenden Büchleins lag das Bestreben vor, in erster Linie dem Betriebsmann Anleitung und Fingerzeige für die Behandlung einer schnellaufenden Dieselmaschine zu geben. Da aber an vielen Stellen gerade aus den Betriebserfahrungen wichtige Lehren für die Konstruktion gezogen werden konnten, wird auch der Konstrukteur manchen wertvollen Hinweis in diesem Büchlein finden können.

Wilhelmshaven, im Oktober 1919.   O. Föppl.

Inhaltsverzeichnis.

I. Beschreibung der schnellaufenden Dieselmaschinen.

Die von den verschiedenen Maschinenfabriken gebauten schnell-laufenden Dieselmaschinen für Kriegschiffzwecke, die ursprünglich ziemlich stark voneinander abwichen, sind mit der Zeit mehr und mehr einander ähnlich geworden, da jede Firma durch Verbesserungen der bestmöglichen Lösung zustrebte. Die so entstandene moderne schnell-laufende Dieselmaschine ist der nachfolgenden Beschreibung zugrunde gelegt, in der die wichtigsten Eigenheiten der Maschine — vor allem die Eigenheiten, durch die der tatsächlich erreichte hohe Grad der Betriebssicherheit gewährleistet ist — mitgeteilt und beschrieben werden. Wichtige Angaben für die Konstruktion sind an den Stellen eingefügt, an denen erfahrungsgemäß leicht Konstruktionsfehler gemacht werden. Auf die Einzelheiten der Bauteile (namentlich auf die allgemein im Maschinenbau üblichen Maschinenteile) wird nicht erschöpfend eingegangen werden. Die Formgebung der Hauptbau-teile, wie sie sich auf Grund der neuesten Erfahrungen herausgebildet hat, ist großenteils aus den beigegebenen Zusammenstellungszeichnungen zu ersehen. Über Berechnung und Material findet man in Konstruk-tionswerken nähere Angaben.

1. Allgemeine Angaben.

Eine schnellaufende Uboots-Dieselmaschine entwickelt bei voller Drehzahl eine Kolbengeschwindigkeit von 5—7 m/sec. Bei sehr kleinen Leistungen (25 PSe in einem Zylinder und darunter) ist die Kolben-geschwindigkeit, die proportional Hub h mal Drehzahl n ist, etwas unter der angegebenen Grenze, da in diesem Falle der Kolbenhub klein und die Drehzahl entsprechend groß ist und da die Beschleu-nigungskräfte, die mit $h \cdot n^2$, also mit dem Quadrate der Drehzahl an-wachsen, keine zu großen Werte annehmen dürfen. Die obere Grenze von 7 m/sec wird nur in seltenen Fällen und nur bei den größten Leistungen (250—300 PSe/Zyl.) erreicht.

Die angegebenen Leistungen sind Höchstleistungen, die die Maschine für längere Zeit bei gewissenhafter Bedienung mit schwach sichtbarem Auspuff leisten kann. Für die Marine war die Angabe der maximalen Leistung wichtig, da der Wert eines U-Boots davon abhängig war, wie rasch es einem entfliehenden Gegner unter Aufbietung der äußersten Kräfte nacheilen konnte. Für diese kurzen Zeiten — eine oder mehrere

Stunden — der äußersten Anspannung mußten die Maschinen berechnet und gebaut werden, während dieselben Maschinen im gewöhnlichen Betrieb — Anmarsch und Rückmarsch — mit viel geringeren Drehzahlen und Belastungen umliefen. Bei den meisten anderen Verwendungsgebieten der Dieselmaschinen, wo man an den für beschränkte Zeit erreichbaren Leistungen im allgemeinen kein Interesse hat, wird es nötig sein, andere Leistungsangaben als die bei der Marine üblichen vorzusehen. Bei den Leistungsangaben der Marine ist bei Viertaktmaschinen ein mittlerer indizierter Druck (p_i) von 8—8,4 kg/qcm und ein mittlerer effektiver Druck (p_e) von 5,5—6 kg/qcm zugrunde gelegt. Die Leistung wurde bei einer Kolbengeschwindigkeit von 5—7 m/sec erreicht. Für Maschinen industrieller Anlagen, wo vor allem größter Wert auf die Betriebsicherheit der Anlage gelegt wird und wo die Maschinen ununterbrochen mit der aus dem Leistungsschild ersichtlichen Belastung laufen müssen, darf nur mit einer Kolbengeschwindigkeit von 4—5,5 m/sec gerechnet werden; bei Dauerlast werden etwa 7 kg/qcm indizierter Druck ($p_i = 7$ kg/qcm) und 5 kg/qcm effektiver Druck ($p_e = 5$ kg/qcm) erreicht. Eine Belastung über diese Grenzen hinaus beeinträchtigt die Lebensdauer und die Betriebsicherheit der Maschinen.

Auch die angegebene Marineleistung bedeutet noch nicht die höchst erreichbare Leistung der Maschine; sie gibt nur ein Höchstmaß dessen an, was bei vollständiger Verbrennung des eingespritzten Brennstoffes eben noch erreicht werden kann. Wenn der Zylinder noch mehr Brennstoff zugeführt erhält, läßt sich die Leistung gewöhnlich bis zu einem mittleren indizierten Druck von 10—10,5 kg/qcm unter gleichzeitiger Minderung des indizierten Wirkungsgrades steigern. Bei diesen außergewöhnlich hohen Belastungen können aber die Maschinen nur kurze Zeit in Betrieb gehalten werden, da die Innenteile rasch verschmutzen. Bei der Marineleistung tritt dagegen bei richtig eingestellter Maschine noch keine außergewöhnliche Verschmutzung ein.

Im nachfolgenden wird unter der Leistung der Maschine weiterhin die Marineleistung (Dauerhöchstleistung) verstanden. Die Bezugszahlen sind hierfür aufgestellt. Um die in industriellen Betrieben mit schnellaufenden Dieselmaschinen erreichbare Dauerleistung zu erhalten, ist es nötig, die gemachten Leistungsangaben etwa mit 0,7 zu multiplizieren.

Wie schon erwähnt, beziehen sich die Zahlenangaben auf schnelllaufende Viertaktmaschinen, die auch in erster Linie den nachfolgenden Betrachtungen zugrunde gelegt sind, da sie weit mehr Bedeutung erlangt und Verwendung gefunden haben als die Zweitaktmaschinen. Das Wichtigste über die letzteren sowie ein Vergleich der beiden Maschinengattungen wird in einem besonderen Abschnitt S. 39 gebracht werden.

Beim Bau der schnellaufenden Dieselmaschinen sollte das Bedürfnis befriedigt werden, eine leichte, betriebsichere und ökonomische Maschine mit geringem Platzbedarf zu erhalten. Man hat deshalb alle Teile so leicht und schwach wie möglich bemessen und das Gewicht der gesamten Maschine ohne Auspuffanlage und ohne Schmieröl- und Treibölvorratsbehälter sowie ohne Kühlwasser und Öl auf 20 bis 28 kg/PSe herabgedrückt. Die gesamte Länge einer solchen sechszylindrigen Maschine bis zum Kupplungsflansch kann für rohe Überschlagsrechnungen mit $L = 14,5\ d$ angegeben werden, wobei mit d der Zylinderdurchmesser bezeichnet ist.

Die im nachfolgenden beschriebenen Maschinen sind sämtlich stehend ausgeführt. Liegende Maschinen eignen sich im allgemeinen nicht für Schiffsantrieb; überdies können liegende Maschinen wegen der erheblichen Kolbenreibung nicht so gut als Schnelläufer ausgebildet werden wie stehende.

2. Anordnung und Aufbau.

Eine Dieselmaschine, die im Viertakt angelassen wird[1]), muß wenigstens 6 Zylinder haben, damit sie in jeder Stellung sicher anspringt. Die sechszylindrige Bauart ist deshalb bei fast allen Maschinen durchgeführt worden, sofern nicht außergewöhnlich große Leistungen, die nicht in 6 Zylindern bewältigt werden können, eine Abweichung von der Regel vorschreiben. Für das Anlassen und mit Rücksicht auf ein gleichmäßiges Drehkraftdiagramm ist es nötig, die Zündungen in den Zylindern in gleichen Abständen aufeinander folgen zu lassen; die Kurbeln der Sechszylinder-Viertaktmaschinen müssen deshalb gegeneinander um $2 \cdot 360° : 6 = 120°$ versetzt sein. Infolgedessen sind je 2 Kurbeln — deren Zylinder in der Zündfolge um 360° auseinander stehen — gleichgerichtet. Unter diesen Umständen liegt es nahe, die Kurbelwelle symmetrisch auszubilden, da bei dieser Anordnung die Massenkräfte und die Kippmomente restlos ausgeglichen sind.

Damit die sechszylindrige Viertaktmaschine aus jeder Stellung sicher angelassen werden kann, muß jedes Anlaßventil mehr als 120° Eröffnungsdauer haben. Bei Zweitaktmaschinen genügt eine halb so große Eröffnungsdauer der Anlaßventile, da jeder Arbeitskolben bei jeder Umdrehung einen Arbeitshub ausführt. Zum sicheren Anlassen würde deshalb schon eine dreizylindrige Anordnung oder — mit Rücksicht darauf, daß ein erheblicher Teil des Kolbenarbeitshubes durch die Auslaßschlitze fortfällt — wenigstens eine vierzylindrige Anordnung genügen. Mit Rücksicht auf Platzverhältnisse und auf Massenausgleich werden aber auch schnellaufende Zweitaktmaschinen vielfach in Sechszylinderanordnung gebaut.

Es ist gerade bei Schnelläufern sehr wichtig, daß die hin- und hergehenden Massen in bezug auf Beschleunigungskräfte und Momente

---

[1]) Die neueren Viertaktmaschinen werden im Viertakt, die Zweitaktmaschinen im Zweitakt angelassen. Das früher vielfach angewendete Anlassen von Viertaktmaschinen im Zweitakt (siehe Kämerer, Z. d. V. d. I. 1912, S. 89) ist aufgegeben worden, da es verschiedene Steuerung der Einlaß- und Auslaßventile für Anlassen und Betrieb nötig machte.

ausgeglichen sind; und zwar wird angestrebt, daß die in den Arbeitszylindern hin- und hergehenden Massen vollständig ausgeglichen werden, während Massenkräfte, die von den angehängten Hilfsmaschinen — Verdichter, Kühlwasserpumpe, Brennstoffpumpe — herrühren, wegen der geringen Größe der bewegten Massen in Kauf genommen werden können. Bei Maschinen von 3 und mehr Zylindern sind die Massenkräfte erster und zweiter Ordnung bei gleichen Winkeln, um die die einzelnen Kurbeln gegeneinander versetzt sind, restlos ausgeglichen, vorausgesetzt natürlich, daß in jedem Arbeitszylinder gleiche Massen bewegt werden. Für die verschiedenen Zylinderanordnungen sind folgende Angaben gültig:

Bei dreizylindriger Anordnung mit 120° Kurbelversetzung bleiben Kippmomente erster und zweiter Ordnung unausgeglichen zurück.

Bei vierzylindriger Anordnung mit Versetzung der Kurbelzapfen um 90° (Zweitaktmaschinen) sind die Kippmomente zweiter Ordnung ausgeglichen, wenn die Zündungen in den einzelnen Zylindern in der Reihenfolge 1, 2, 4, 3 oder 1, 3, 4, 2 stattfinden. Die Kippmomente erster Ordnung bleiben unausgeglichen.

Bei vierzylindriger symmetrischer Anordnung mit 180° Kurbelzapfenversetzung (Viertaktmaschinen) bleiben die Massenkräfte zweiter Ordnung zurück; sie haben, da sich die von den einzelnen Zylindern herrührenden Kräfte zweiter Ordnung sämtlich addieren, oft sehr starke Erschütterungen zur Folge. Die Kippmomente sind ausgeglichen.

Bei Maschinen mit 6 symmetrisch angeordneten Arbeitszylindern (Viertaktmaschinen mit 120° Kurbelzapfenversetzung) sind Massenkräfte und Kippmomente restlos ausgeglichen; ebenso bei Acht- oder Zehnzylindermaschinen mit symmetrischer Anordnung. Bei den Sechszylindermaschinen erfolgen die Zündungen in den einzelnen Zylindern gewöhnlich mit Rücksicht auf eine zeitlich möglichst gleichmäßige Belastung der beiden symmetrischen Kurbelwellenhälften in der Reihenfolge 1, 5, 3, 6, 2, 4 oder 1, 4, 2, 6, 3, 5.

Bei Sechszylindermaschinen mit 60° Kurbelversetzung (Zweitaktmaschinen) sind die Kippmomente erster Ordnung bei der Zündfolge 1, 5, 3, 4, 2, 6 oder 1, 6, 2, 4, 3, 5 ausgeglichen. Es bleiben aber Kippmomente zweiter Ordnung zurück.

Um die Maschinen niedrig zu bauen und um die bewegten Massen zur Ermöglichung eines raschen Laufes gering zu bemessen, wird bei schnellaufenden Dieselmaschinen kein besonderer Kreuzkopf vorgesehen. Der Zapfen für das obere Schubstangenlager ist im Arbeitskolben angeordnet. Jedes Lager ist mit Rücksicht auf Gewichtsersparnis so klein wie möglich bemessen. Kleine Lager bedingen aber starke Schmierung, damit das Lager durch immer wieder frisch zutretendes Öl gekühlt wird. Für schnellaufende Dieselmaschinen ist deshalb die Verwendung von Preßschmierung unbedingt erforderlich. Das Öl spritzt mit großer Geschwindigkeit von den rasch umlaufenden Maschinenteilen ab. Um größere Ölverluste zu vermeiden, ist das Getriebe in eine allseits verschlossene, mit Schaudeckeln versehene Kurbelwanne eingekapselt. Das abfließende Öl wird in der Kurbelwanne gesammelt und dem Kreislauf nach erfolgter Rückkühlung und Reinigung wieder zugeführt.

Die Steuerung der Ventile erfolgt durch eine gemeinsame Nockenwelle, die in Höhe der Zylinderdeckel in der Nähe der Ventile angeordnet ist. Die Nockenwelle wird gewöhnlich durch eine vertikale Zwischenwelle, die am Ende der Maschine sitzt, angetrieben. Die Kraftübertragung von der Kurbelwelle auf die Zwischenwelle und von dieser auf die Nockenwelle erfolgt durch Schraubenräder, die bei Viertaktmaschinen die Drehzahl im Verhältnis 2 : 1 verringern. Die Nockenwelle wird gewöhnlich an der einen Seite der Zylinderdeckel längs geführt. Um möglichst kurze Übertragungsgestänge von der Nockenwelle zu den Ventilen zu erhalten, wird mitunter die Nockenwelle über den Deckeln zwischen den Ventilen angeordnet (Fig. 7). Das Brennstoffventil wird dann unter einer bestimmten Neigung zur Zylinderachse eingesetzt. Auf der Zwischenwelle oder auf der Nockenwelle ist ein Sicherheitsregler angeordnet, der auf die Brennstoffpumpe einwirkt und Überschreitungen der Höchstdrehzahl verhindert.

Die Maschine soll so aufgestellt sein, daß sie von allen Seiten gut zugänglich ist. Der Maschinenstenstand, an dem sämtliche Manometer und Bedienungsgestänge (Regelung der Brennstoffmenge, des Einblase-, Schmieröl- und Kühlwasserdruckes, Bedienung der Entwässerung, Anlaß und Umsteuerhebel usw.) zusammenlaufen, ist entweder in der Mitte der Maschine oder besser am Maschinenende auf der Seite des Luftverdichters angebracht.

3. Kurbelwelle, Kurbelwanne und Gestänge.

Die Kurbelwelle einer schnellaufenden Dieselmaschine wird für kleinere und mittlere Maschinengrößen aus einem Stück hergestellt. Bei größeren Maschinen wird häufig der Teil zum Antrieb für den Luftverdichter für sich hergestellt und an einen Flansch der Kurbelwelle angeschraubt. Wellen- und Kurbelzapfen werden zur Gewichtsersparnis und für die Schmierölführung hohl gebohrt. Die Bohrungen werden nach der Seite zu abgedichtet und untereinander durch Bohrungen in den Kurbelarmen verbunden. Durch die hohle Kurbelwelle wird das Schmieröl, das durch Bohrungen in den Lagerzapfen aus den Grundlagern in die Welle übertritt, den Schubstangenlagern und von diesen aus den Kreuzkopflagern zugeführt. Zwischen je zwei nebeneinanderliegenden Zylindern ist ein Wellenlager vorgesehen. Die Lagerböcke sind durch Streben gestützt, die die Kräfte vom Lager auf die Kurbelwanne und die Massenbeschleunigungskräfte von der Wanne aufs Fundament übertragen. Ein Wellenlager ist als Paßlager mit seitlichem Anlauf ausgebildet, um kleine Kräfte in der Richtung der Wellenachse aufnehmen zu können. Hierfür wird zweckmäßig das Wellenlager, das neben dem Schraubenrad zum Antrieb der Nockenwelle gelegen ist, ausgewählt. Die übrigen Wellenlager haben nach beiden Seiten hin mehrere Millimeter Spiel, so daß sich die Welle zur Kurbelwanne bei der Erwärmung um kleine Beträge ausdehnen kann. Die Lagerschalen sind zweiteilig, die Oberschale kann nach Lösen der Schrauben mit dem Deckel abgehoben werden. Die Unterschale sitzt drehbar im Lagerbock, so daß sie nach abgebauter Oberschale herausgedreht oder herausgedrückt werden kann. Wichtig ist dabei, daß die Herausnahme einer Unterschale ohne Hochnehmen der Kurbelwelle erfolgen kann.

Am Ende der Kurbelwelle sitzt eine Drehvorrichtung, durch die die Welle gedreht werden kann. Die Drehung geschieht mittels Handhebel durch Sperrad und Klinke, bei größeren Maschinen durch Schnecke und Schneckenrad. An Bord von Schiffen ist vielfach neben der Handdrehvorrichtung noch eine pneumatische oder elektrische Drehvorrichtung vorgesehen, die mit wenigen Handgriffen eingeschaltet und wieder abgenommen werden kann. Mit der Drehvorrichtung sollen sich Drehungen der Maschine nach beiden Richtungen vornehmen lassen.

Die Kurbelwanne ist entweder als ganzes Stück gegossen (Stahlguß oder Bronze) oder sie besteht aus einem gegossenen Gestell, an dessen Rippen die die eigentliche Wanne bildenden Bleche angenietet oder angeschweißt sind. Die letztere Ausführung hat geringeres Gewicht; bei genieteten Wannen kommen mitunter lecke Stellen vor, durch die das Öl aus der Kurbelwanne herausfließt. Die Kurbelwanne ist auf die Fundamentträger — gewöhnlich U- oder L -Eisen — mit starken Kopfschrauben und Kronenmuttern festgezogen. Zwischen Fundamentträgern und Kurbelwanne werden Beilagscheiben von 20 bis 50 mm Stärke gelegt, die bei der Montage der Maschine auf das richtige Maß gebracht werden. Die Fundamentschrauben sind entweder alle oder wenigstens zur Hälfte als Paßschrauben ausgebildet, die durch gemeinsames Aufreiben der Schraubenlöcher im Fundamentträger und im Kurbelwannenfuß einzeln eingepaßt werden.

Das Kurbelgehäuse muß abgeschlossen sein, damit kein Öl nach außen spritzen kann. Es ist zweckmäßig, vor jeder Kurbel einen leicht losnehmbaren Deckel am Kurbelkasten vorzusehen, damit das Getriebe rasch bloßgelegt und die Erwärmung der Laufstellen durch Befühlen mit der Hand geprüft werden kann.

In der Kurbelwanne wird die Luft infolge des aus den Lagern spritzenden Öls mit warmen Öldämpfen angereichert, so daß Explosionen — namentlich bei ungekühlten Kolben — eintreten können. Zur Vermeidung der Entzündung wird gewöhnlich ein Teil der von den Arbeitszylindern angesaugten Frischluft aus der Kurbelwanne entnommen, so daß in die Kurbelwanne immer wieder frische Luft einströmt. Die Absaugung der Luft aus der Kurbelwanne ist früher teilweise in der Art durchgeführt worden, daß jeder Arbeitszylinder seine Luft aus dem Raum zwischen zwei benachbarten Zylindern saugte. Dieser war als Kasten ausgebildet und mit der Kurbelwanne durch einen Schlitz verbunden. Die Anordnung hat den großen Nachteil, daß bei Undichtwerden eines Zylindermantels innerhalb des Saugekastens — Porosität oder Riß — Wasser durch den Schlitz in die Kurbelwanne übertritt, ohne daß man das von außen bemerken kann. Mehr zu empfehlen ist deshalb eine Anordnung, bei der ein Zylinder seinen gesamten Bedarf an Frischluft oder einen Teil derselben einer unmittelbar an die Kurbelwanne angeschlossenen Luftsaugeleitung entnimmt. Es besteht allerdings in diesem Falle die Gefahr, daß der ausgezeichnete Zylinder viel Öldämpfe aufnimmt und deshalb besonders volle Diagramme entwickelt.

Um die Folgen einer Explosion in der Kurbelwanne einzudämmen, werden die Schaudeckel am Kurbelkasten vielfach mit Flitterblech belegt, das bei unzulässig hohen Drucksteigerungen, ohne weitergehende Beschädigungen hervorzurufen, durchgeschlagen wird. Bei ungekühlten Kolben wird mitunter der Innenteil des Kolbenbodens durch ein vorgeschraubtes Blech, das über dem Kreuzkopflager sitzt, geschützt, damit kein Öl an den heißen Kolbenboden spritzen und dort verdampfen kann.

Da die Kurbelwanne bei Schiffsmaschinen so tief liegt, daß oft nur ein geringes Gefälle für den Abfluß des Öles aus der Wanne nach dem Ölvorratsbehälter zur Verfügung steht, muß das Ölabflußrohr reichlich groß bemessen sein. Es darf nie so viel Öl in der Kurbelwanne stehen, daß die Kurbel bei der Umdrehung in das Öl hineinschlägt und es auf diese Weise stark verspritzt.

Bei manchen Maschinen ist das Kurbelgetriebe mit Ölspritzblechen abgedeckt, die mit einem Schlitz für die Schubstange versehen und über der Arbeitskurbel so angeordnet sind, daß das aus dem Schubstangenlager herausspritzende Öl nach der Wanne abgeleitet wird. Diese Ölspritzbleche wurden mitunter nachträglich bei Maschinen eingebaut, bei denen sich herausgestellt hatte, daß im Betrieb zuviel Öl in der Kurbelwanne herumspritzte — Folgeerscheinungen des Herumspritzens waren Ölexplosionen in der Kurbelwanne oder Hochsaugen von Schmieröl durch die Kolben in die Verbrennungsräume der Arbeitszylinder verbunden mit scharfen Verbrennungen und qualmendem Auspuff. Die Spritzbleche sollen vor allem den vom Kolben freigelegten Teil der Arbeitszylindergleitfläche schützen, wenn der Kolben in der oberen Totlage steht. Mit dem Einbau der Ölspritzbleche ist der Nachteil verbunden, daß das rasche Befühlen der Lager auf Erwärmung bei kurzen Betriebspausen erschwert ist, da die Ölspritzbleche die Zugänglichkeit zu den Lagern beschränken.

Die gebräuchlichsten Formgebungen der Schubstangen sind aus den Zusammenstellungszeichnungen zu ersehen. Da bei schnellaufenden Maschinen so leicht wie möglich gebaut werden muß, versuchten einige Maschinenfabriken ursprünglich eine ungeteilte Schubstange zu verwenden, deren beide Enden als Schubstangenlager bzw. Kreuzkopflager ausgebildet waren. Die Anordnung hat sich nicht bewährt, da in diesem Falle die Veränderung des Kompressionsraumes im Arbeitszylinder zu umständlich ist. Der Kolben mußte zur Veränderung des Totraums ausgebaut, die Schubstange vom Kolbenbolzen gelöst und in ihrer wirksamen Länge durch Beilegen von Blechen unter das Kolbenbolzenlager oder gar durch Neuausgießen des Lagers verändert werden. Man ist deshalb allgemein auf die Schubstange mit aufgesetztem Schubstangenkopf zurückgekommen (Fig. 1). Zwischen beiden Teilen liegen Beilagscheiben, durch deren Veränderung der Totraum des Arbeitszylinders und damit der Kompressionsenddruck eingestellt werden kann.

Die Schubstange wird gewöhnlich zur Gewichtsersparnis hohl ausgeführt. Durch die Höhlung wird das Schmieröl zum Kreuzkopfzapfen zugeführt. Am Schubstangenkopf war bei den ersten Konstruktionen ein kleines Rückschlagventil angebracht, das Öl in die hohle Schubstange eintreten, aber nicht ins Lager zurücktreten ließ (Fig. 1). Da die Schubstange mit Rücksicht auf die Gewichtsersparnis eine Bohrung von e r h e b l i c h e m Durchmesser erhalten muß, dauerte es nach dem Ansetzen der Maschinen oft lange Zeit, bis die Schubstange mit Öl gefüllt und das Öl bis zu den Keuzkopfbolzen vorgedrungen war. Diese Zeit hat mitunter genügt, um das Lager warm laufen zu lassen. Für die Ölzuführung zum Kreuzkopflager ist deshalb in neuerer Zeit gewöhnlich ein enges Röhrchen in der Höhlung oder außen an der Schubstange befestigt worden. Die letztere Konstruktion (Fig. 2) hat den Nachteil, daß das Röhrchen beim Ausbau der Kolben usw. leicht beschädigt wird, was dann erst am Warmlaufen des Kreuzkopf-

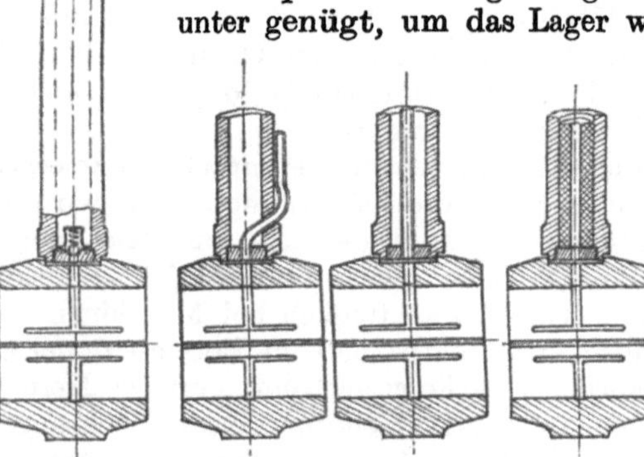

Fig. 1—4. Schubstangen.

lagers in die Erscheinung tritt. In beiden Fällen müssen die Befestigungsschrauben für das Steigröhrchen gut gesichert sein, damit eine Lösung der Befestigung durch die Erschütterungen im Betrieb ausgeschlossen bleibt. Bei der in Fig. 4 dargestellten Schubstange ist in die Höhlung ein Einsatz von niedrigem spezifischen Gewicht — Aluminium oder nicht splitterndem Pockholz — eingezogen, der in der Mitte auf den nötigen Durchmesser aufgebohrt ist.

Auch bei der kleinsten Dieselmaschine sollte die Möglichkeit, jeden Arbeitszylinder zu indizieren, nicht fehlen. Das Indiziergestänge wird gewöhnlich bei den kreuzkopflosen Maschinen an den Kolben oder die Schubstange angelenkt und durch eine Stopfbüchse aus der öldicht abgeschlossenen Kurbelwanne herausgeführt.

4. Arbeitszylinder, Kolben und Deckel.

Im Gegensatz zu den Landdieselmaschinen werden die Arbeitszylinder bei schnellaufenden Schiffsdieselmaschinen in der Regel aus Stahlguß mit eingesetzter gußeiserner Büchse — besonders widerstandsfähiges Spezialgußeisen — hergestellt. Die Anordnung hat gegenüber den aus einem Gußstück bestehenden Zylindern den Vorteil des geringeren Gewichtes und der Auswechselbarkeit der Büchse, wenn einmal ein Kolben gefressen hat; ferner kann sich die Zylinderbüchse, die im Betrieb wärmer wird als der Mantel frei ausdehnen, sodaß Wärmespannungen vermieden werden.

Bei kleineren Maschinen — unter 20 PSe/Zyl. — werden vielfach die Zylinder auch bei schnelllaufenden Maschinen aus einem Stück aus Gußeisen hergestellt. Besondere Sorgfalt muß bei Zylindern mit eingezogener Büchse auf die Abdichtung des Kühlmantels gegen die Büchse nach der Kurbelwanne verwandt werden, damit nicht bei Undichtigkeit Kühlwasser in die Kurbelwanne gelangt. Es ist anfangs versucht worden, die Abdichtung durch einen um die Büchse gelegten Gummiring zu bewirken (Fig. 5), der vor dem Einziehen der

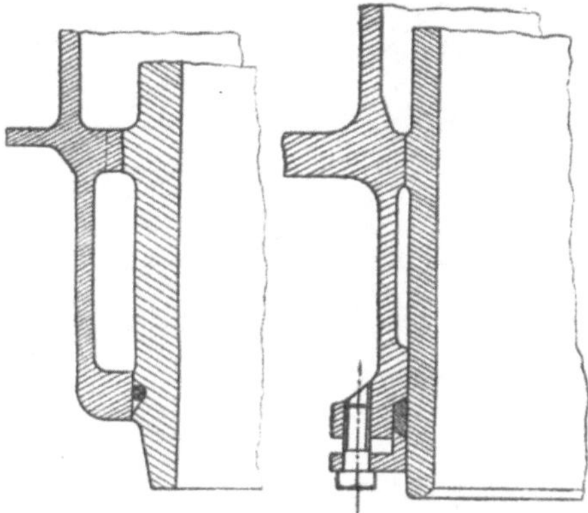

Fig. 5 u. 6. Abdichtung des Zylinderkühlwasserraumes nach der Kurbelwanne zu (Anordnung nach Fig. 5 unzweckmäßig).

Büchse in eine Nut gelegt wird. Die Anordnung hat sich nicht bewährt, da es kaum gelingt, den Ring beim Einsetzen der Büchse unbeschädigt bis an die gewünschte Stelle zu bringen. Eine zuverlässige Abdichtung wird nur durch eine Stopfbüchse erzielt, die von Zeit zu Zeit nachgezogen werden kann (Fig. 6).

Wesentlich für die Ausbildung der Arbeitszylinder ist der Umstand, ob ein besonderes Kastengestell zwischen Kurbelwanne und Arbeitszylinder vorgesehen oder die Arbeitszylinder unmittelbar auf die Kurbelwanne gesetzt werden sollen. Erstere Anordnung ist in den Tafeln I und III, die je eine 550 PS-Benz- und Körtingmaschine darstellen, wiedergegeben und bedarf keiner näheren Beschreibung. Bei der Anordnung ohne Kastengestell, die bei den MAN-Maschinen (Fig. 84) angetroffen wird, ist die Kurbelwanne so hoch heraufgezogen, daß die Schaudeckel einen Teil der Kurbelwanne bilden. Die Arbeitszylinder sind mit einem den Zylinder kastenartig umfassenden Fuß ausgerüstet, mit dem sie auf die Kurbelwanne aufgesetzt werden. Die Füße der einzelnen Zylinder bilden untereinander verbunden den oberen Abschluß der Kurbelwanne. Da die Füße der Arbeitszylinder mit breiten Flächen aneinandergepreßt sind, sind die Zylinder selbst gut gegeneinander abgestützt. Der Aufbau macht deshalb den Eindruck besonders guter Versteifung. Bei der Daimlermaschine (Tafel II) sind die Zylindermäntel so weit heruntergezogen, daß in ihren Füßen die Schaudeckel für die Kurbelwanne untergebracht sind. Bei der zuerst erwähnten Anordnung mit Kastengestell ist vorteilhaft, daß das Auswechseln eines Arbeitszylinders bei Beschädigungen, die allerdings gerade an diesem Stück nur selten eintreten, kürzere Zeit in Anspruch nimmt als bei einer Maschine ohne Kastengestell.

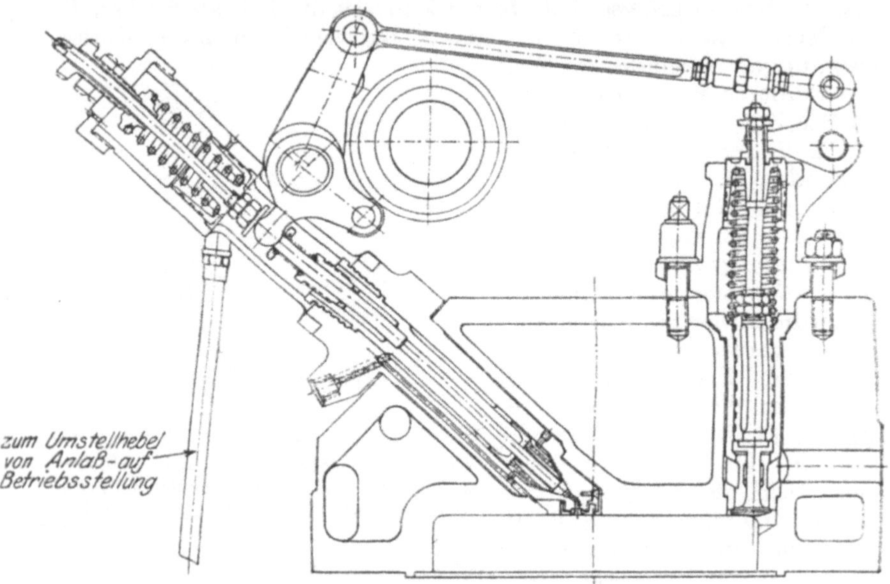

Fig. 7. Zylinderdeckel mit schrägliegendem Brennstoff-
und Anlaßventil (G. M. A.).

Die Zylinderdeckel werden durch das aus den Arbeitszylindern abfließende Kühlwasser gekühlt. Die Ausbildung des Übergangs zwischen beiden Teilen erheischt besondere Beachtung. Vor allem muß die Möglichkeit ausgeschlossen sein, daß bei Undichtigkeit Wasser in den Totraum des Arbeitszylinders übertreten kann. Wenn also die Kühlwasserräume der Maschine unter Druck gesetzt werden, darf bei Undichtigkeiten nur Wasser am Zylindermantel ablaufen, aber nie ins Zylinderinnere eintreten können. Eine Konstruktion, die gegen diesen Grundsatz verstößt, ist in Fig. 8 dargestellt. Ein Kupferring dichtet den Arbeitszylinder gegen den Kühlraum, ein Gummiring den Kühlraum gegen außen ab. Der Raum zwischen beiden Ringen steht durch Bohrungen sowohl mit dem Zylinderkühlwasserraum als auch mit dem Deckelkühlwasserraum in Verbindung. Die Deckelschrauben werden so stark angezogen, daß der Kupferring allseitig anliegt. Wenn mit der Zeit der Kupferring lose wird, so tritt, da er von außen her unter dem Druck des Kühlwassers steht, Wasser in den Arbeitszylinder über. An zwei sechszylindrigen Maschinen, die mit einer Deckelabdichtung nach der Figur ausgerüstet waren, mußten schon im ersten Betriebsjahr infolge von Wasserschlägen insgesamt acht Zylinder ausgewechselt werden.

Das Kühlwasser wird zweckmäßig entweder durch Krümmer (Fig. 9) oder durch mit Gummiringen abgedichtete Röhrchen (Fig. 10) vom Arbeitszylinder nach dem Deckel übergeleitet. In beiden Fällen läuft das Wasser bei Undichtigkeiten nach außen ab, da der den Tot-

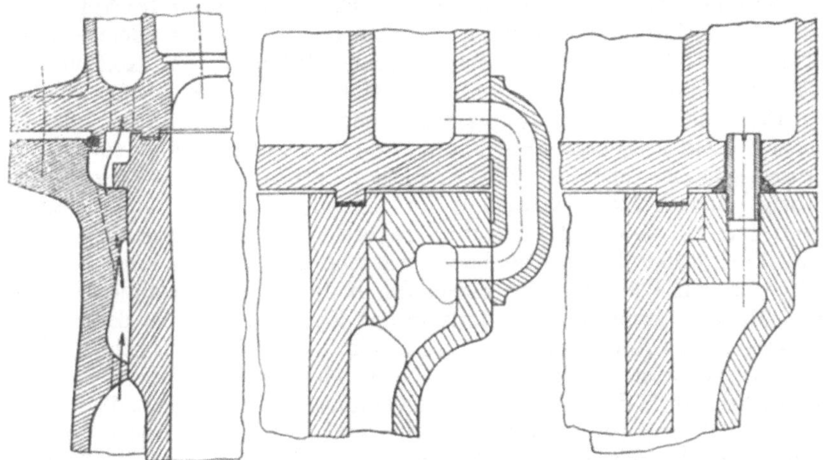

Fig. 8—10. Überleitung des Kühlwassers vom Zylinder nach dem Deckel (Anordnung nach Fig. 8 unzweckmäßig).

raum abdichtende Kupferring von außen nicht unter dem Druck des Kühlwassers steht. Mit Rücksicht auf die Wärmebeanspruchung des Deckels ist es vorteilhaft, wenn die Überleitung des Wassers möglichst gleichmäßig über den ganzen Deckel verteilt ist, was bei der Anordnung mit den Röhrchen leichter als bei den Doppelkniestücken erreicht werden kann.

Die Kühlwasserräume von Zylinder und Deckel sind bei größeren Maschinen mit Schaudeckeln oder Verschraubungen versehen, nach deren Abnahme die Räume innern gereinigt werden können. Bei Kühlung mit Salzwasser werden vielfach in die Innenräume der Zylinder und Deckel Zinkschutzplatten eingesetzt, um die Wände gegen galvanische Anfressungen zu schützen. Der innere Teil des Kühlwassermantels der Arbeitszylinder, durch den keine Wärme abgeleitet zu werden braucht, wird vielfach aus dem gleichen Grunde mit Rostschutzfarbe angestrichen.

Die Kolben werden einteilig oder zweiteilig ausgeführt. Bei zweiteiliger Ausführung dient das gekühlte obere Stück der Abdichtung des Verbrennungsraumes; es ist mit 4—6 selbstspannenden Ringen versehen. Das ungekühlte untere Stück dient der Führung und trägt den Kolbenzapfen. Am Führungsstück sind 1—2 Ölabstreifringe vorgesehen, die das überschüssige Öl von der Zylinderwandung abnehmen. Die beiden Teile sind durch Paßflächen gut zentriert und gewöhnlich durch einen in die Teilfuge gelegten Kupferring abgedichtet. Das Führungsstück wird stets aus Gußeisen hergestellt, das obere Stück kann aus Gußeisen oder (zur Steigerung der Haltbarkeit) aus Schmiedeisen hergestellt werden. Im letzteren Falle muß es mit besonders großem Spiel in den Zylinder eingepaßt sein, da Schmiedeisen auf der gußeisernen Zylinderwandung schlecht läuft und leicht festfrißt.

Bei kleineren Maschinen ist es nicht nötig, eine besondere Kolbenkühlung vorzusehen. Es wird genügend Wärme vom Kolbenboden an die Kolbenwandung abgeführt. Überdies ist ein kleiner Kolben steifer und gegen Temperaturspannungen unempfindlicher als ein großer Kolben. Sobald aber in einem Arbeitszylinder über 60—70 PS-Marineleistung (über 50 PS-Dauerleistung) umgesetzt werden, ist es nötig, den Kolben besonders zu kühlen. Die Kühlung braucht sich nur auf den Kolbenboden zu beschränken. Es genügt, wenn ein Teil der an den Kolbenboden während des Verbrennungsvorgangs abgegebenen Wärmemenge durch das Kühlmittel abgeleitet wird, da die übrige Wärme von der Luft in der Kurbelwanne bei der raschen Bewegung des Kolbens aufgenommen wird. Eine Kühlung des Kolbens mit Seewasser ist mit dem Nachteil verbunden, daß Salzwasser bei jeder Undichtigkeit in den Kühlgutzu- und abführungsleitungen in die Kurbelwanne gelangen kann. Zur Kühlung wird deshalb in neuer Zeit fast allgemein Öl verwendet, das von der Maschinenschmierölleitung hinter dem Ölkühler abgezweigt wird.

Um die Ölmenge, die zum Kühlen eines Kolbens erforderlich ist, zu bestimmen, kann folgende Überlegung angestellt werden: Zur Erzeugung einer PSe-Stunde werden etwa 200 g Brennstoff oder 2000 Cal aufgewendet. An die gekühlten Wandungen werden davon 30%, also 600 Cal/PSe-Stunde. abgegeben. Etwa 30% der gesamten durch die Kühlung abgeführten Wärmemenge wird im Kolbenkühlöl aus der Maschine fortgeleitet. Der Unterschied zwischen den Temperaturen des vom Kolben abfließenden und zum Kolben zufließenden Öles beträgt bei Vollast 20°. Die spezifische Wärme des Öls beträgt $0{,}46 \frac{\mathrm{Cal}}{\mathrm{kg} \cdot \,^{\circ}}$ und das spez. Gewicht 0,88 kg/l. Der Kolbenkühlölverbrauch K für eine Pferdestärke und eine Stunde ist demnach

$$K = 0{,}3 \cdot 600 \cdot \frac{1}{20 \cdot 0{,}46 \cdot 0{,}88} = \sim 20 \ \mathrm{lit/PSe\text{-}Stunde}.$$

Für die Preßschmierung der Lager einer vollständig geschlossenen Maschine wird etwa $1/_3$ jener Ölmenge gebraucht.

Das Kühlöl wurde früher den Kolben vielfach durch Posaunenrohre zugeführt. Die Verwendung von Posaunenrohren zu diesem

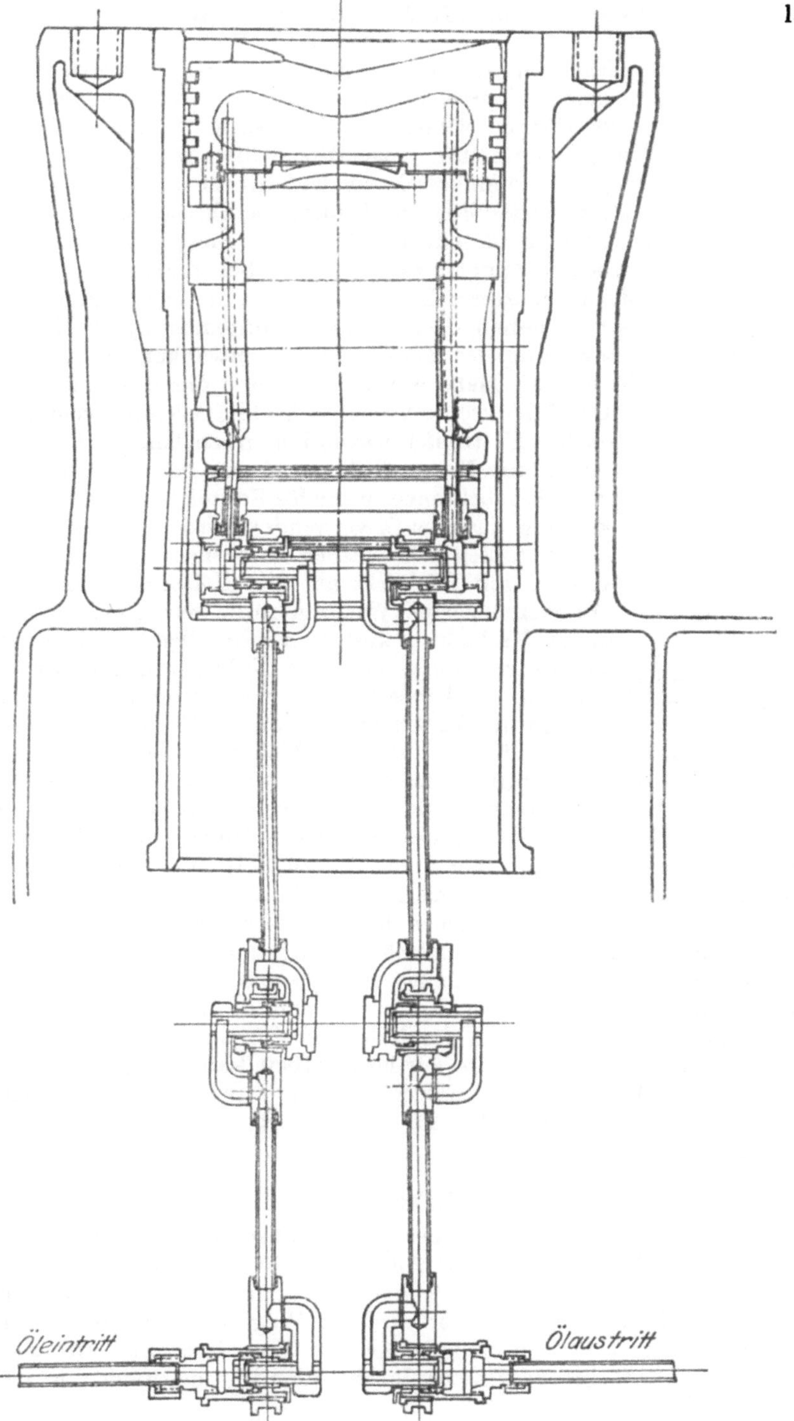

Fig. 11. Kolben mit Gelenken für Kühlölzuführung (G. M. A.).

Zweck hat den Nachteil, daß diese beim Ausziehen und Zusammen-
gehen das von ihnen eingeschlossene Volumen verändern und deshalb ähnlich einer Pumpe wirken, die bald saugt und bald drückt.
In den Kühlleitungen entstehen große Druckschwankungen, die selbst
durch Anbringung von Windkesseln vor und hinter dem Kolben nicht
vollständig beseitigt werden können. Bei Gelenkrohren, die im Betriebe
keine Volumänderungen durchmachen, treten diese Schwierigkeiten
nicht auf. Trotzdem empfiehlt es sich, auch bei Schmierung mittels
Gelenkrohren, die in letzterer Zeit fast allgemein eingeführt worden
sind, Windkessel vorzusehen, da durch die Beschleunigung des Kolben-
inhalts bei der Bewegung des Kolbens Druckschwankungen im Öl —
wenn auch nicht in dem Maße wie bei Posaunenrohren — entstehen.

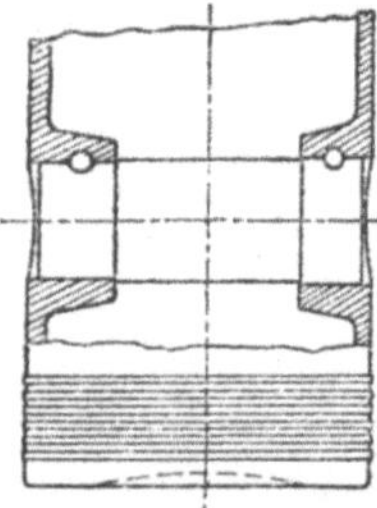

Fig. 12. Befestigung
des Kolbenbolzens.

Die Gelenkrohre halten oft in den Gelenken nicht ganz
dicht. Es tropfen namentlich nach längerer Betriebszeit kleine Mengen Kühlgut durch die Gelenkbüchsen
in die Kurbelwanne. Wenn für Schmierung und Kolbenkühlung dasselbe Öl verwendet wird, kann durch das
Durchtropfen kein Schaden entstehen. Wenn aber die
Kolben mit Rücksicht auf die großen abzuführenden
Wärmemengen mit Wasser gekühlt werden müssen — zu
dieser Maßnahme wird man vor allem bei Zweitaktmaschinen von erheblichem Zylinderdurchmesser gezwungen — können wegen des Durchtropfens keine
Gelenkrohre Verwendung finden. In Fig. 11 ist die Kühl-
ölzu- und -ableitung eines Kolbens, die durch Gelenke erfolgt, dargestellt.
Die Zu- und Ableitungsrohre münden in der Nähe des Kolbenbodens.

Da sich in den Kühlräumen der Kolbenkappen bei hoher Belastung
mitunter Ablagerungen abscheiden, die die Kühlwirkung verringern,
empfiehlt es sich, die Kühlräume von Zeit zu Zeit mit Preßluft durch-
zublasen. Zu diesem Zweck sind Dreiweghähne in die Kühlölzu- und
-ableitungen eingebaut, von denen der eine bei stillstehender Maschine
an eine Hochdruckluftleitung angeschlossen werden kann (siehe Fig. 27).

Bei kreuzkopflosen Maschinen muß besondere Sorgfalt auf die
Befestigung des Bolzens im Kolben verwendet werden, da ein zu
strammer Sitz ein Verziehen der Nabe und ein zu loser Sitz mit der
Zeit ein Ausschlagen der Nabe zur Folge haben kann. Gegen Drehung
und seitliche Verschiebung wird der Bolzen häufig durch einen oder
zwei Rundstifte — siehe Fig. 12 — gesichert, eine Anordnung, die
sich gut bewährt hat.

5. Ventile.

Im Brennstoffventil ist der früher ausschließlich verwendete
Plattenzerstäuber in den letzten Jahren mehr und mehr durch den
Schlitzzerstäuber, der in Fig. 13 schematisch dargestellt ist, verdrängt
worden. Beim Schlitzzerstäuber wird der Weg der Einblaseluft kurz
vor dem Eintritt in den Zylinder geteilt. Auf dem einen Weg a—a
gelangt die Luft bei geöffneter Brennstoffnadel ungehindert in den

Zylinder. Auf dem anderen Weg b—b trifft sie auf den während des
Auspuff-, Ansauge- oder Kompressionshubes vorgelagerten Brennstoff c
und treibt ihn vor sich her. Der Brennstoff wird auf diese Weise an der
Vereinigungsstelle der beiden Luftwege in die auf dem ersten Wege
mit rascher Geschwindigkeit vorbeistreichende
Einblaseluft eingespritzt; er wird von der Luft
mit in den Zylinder gerissen. Der Schlitzzerstäuber
ist etwa gleichzeitig von der M. A. N. und dem
schwedischen Ingenieur Hesselmann ausgebildet
worden. Die Firma Benz-Mannheim führt bei den
von ihr gebauten Dieselmaschinen Zerstäuber der
Hesselmannschen Konstruktion in Verbindung
mit besonderen Düsenplatten (D. R. P. 206 923
und 209 886) aus, die sich gut bewährt haben.
Wesentlich für den Schlitzzerstäuber ist, daß der
Zerstäubungsvorgang in nächster Nähe des Nadel-
sitzes stattfindet, was nicht nur in der in Fig. 13
dargestellten Weise, sondern auch durch ähnliche

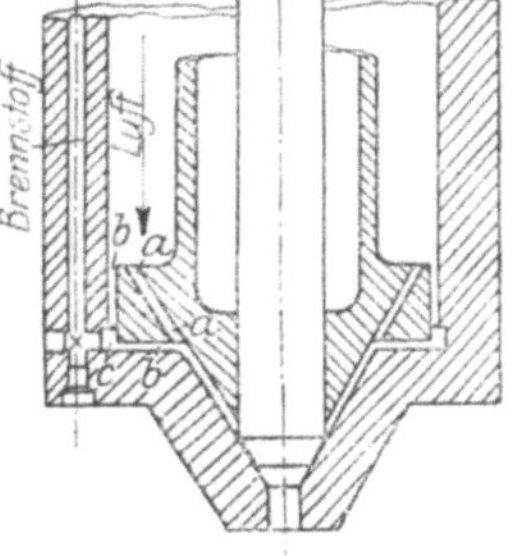

Fig. 13. Schlitzzerstäuber.

Konstruktionen erreicht werden kann. Da das Brennstoffluftgemisch
nur einen kurzen Weg nach der Zerstäubung zurückzulegen hat, ist der
günstigste Zerstäubungsdruck beim Schlitzzerstäuber weniger stark von
der Drehzahl der Maschine abhängig und der Verbrennungsvorgang ist
gegen Abweichungen vom günstigsten Zerstäubungsdruck weniger empfindlich als beim Plattenzerstäuber.

Das Anlaßventil hat insofern mit dem Brennstoffventil Ähnlichkeit, als bei beiden der Innen-
raum des Ventils — im Gegensatz zu Ein- und
Auslaßventil — unter hohem Luftdruck steht und
die Ventilspindel aus diesem Raum nach außen
durch eine Abdichtung geführt werden muß. Beim
Brennstoffventil wird die Ventilnadel durch eine
Packung hindurchgeführt; beim Anlaßventil dagegen kann keine Packung verwendet werden, da
sonst die Ventilspindel, die erheblich stärkeren
Durchmesser hat als eine Brennstoffnadel, zu
schwer zu bewegen wäre. Die Abdichtung wird
deshalb vielfach durch selbstspannende Kolbenringe bewirkt (Fig. 14).

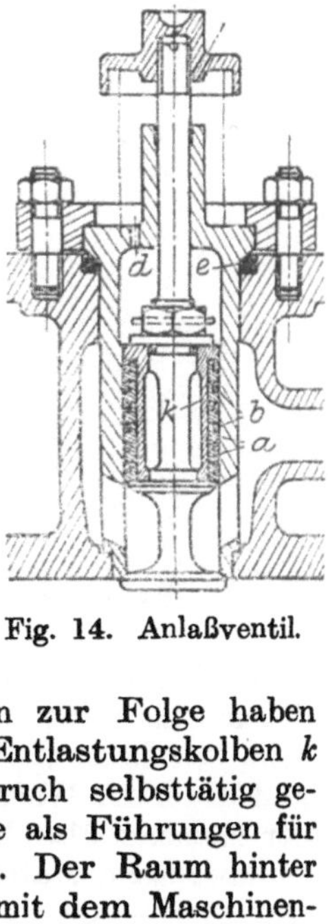

Das Anlaßventil muß vor allem sicher
schließen da durch ein, beim Anlassen hängen-
bleibendes Ventil große Luftmengen in den

Fig. 14. Anlaßventil.

Zylinder eintreten, die weitgehende Zerstörungen zur Folge haben
können. Das sichere Schließen wird durch den Entlastungskolben k
erreicht, durch den das Ventil bei einem Federbruch selbsttätig geschlossen wird. k ist mit Ringen a versehen, die als Führungen für
die geschlitzten, selbstspannenden Ringe b dienen. Der Raum hinter
dem Entlastungskolben steht durch Bohrungen d mit dem Maschinen-

raum in Verbindung. Der Spalt zwischen Ventilgehäuse und Deckelwandung ist durch Gummiring *e* oder — mit Rücksicht auf den hohen Luftdruck im Spalt — durch eine genau in der Stärke passende Klingeritpackung abgedichtet.

Die Ausbildung eines geeigneten Auslaßventils hat besondere Schwierigkeiten bereitet, da bei den ungekühlten Ventilen vielfach die

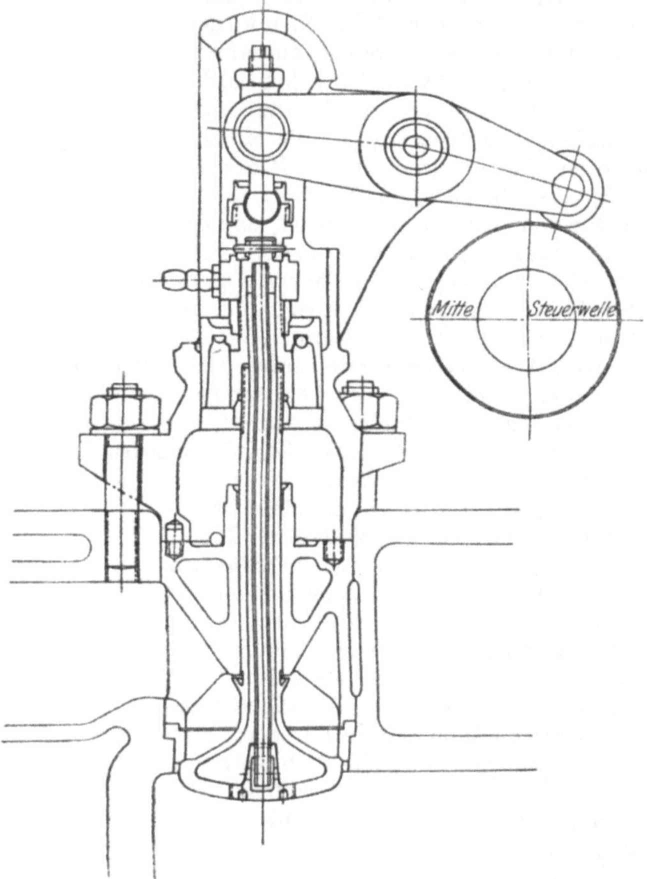

Fig. 15. Auslaßventil mit gekühltem Ventilkegel (G. M. A.).

Ventilsitze von den heißen Abgasen angefressen wurden. Es hat sich deshalb als nötig herausgestellt, bei Leistungen eines Zylinders von etwa 30 PSe an die Auslaßventilgehäuse und von 60 PSe an Gehäuse und Kegel mit Wasser zu kühlen. Bei den ungekühlten Auslaßventilen der kleineren Maschinen müssen die Ventilkegel aus besonders widerstandsfähigem Material hergestellt sein. Hierfür eignet sich entweder Gußeisen — der Ventilteller wird auf die schmiedeeiserne Spindel

aufgesetzt — oder am besten hochwertiger Nickelstahl. Da Auslaß-
und Einlaßventil etwa gleiche Querschnitte haben müssen, werden
vielfach die beiden Ventile gleich ausgeführt
bis auf das Material, aus dem der Ventilkegel besteht, und bis auf ein kleines Kenn-
zeichen, durch das Verwechslungen vorgebeugt wird. Ein Auslaßventil mit gekühltem Kegel ist in Fig. 15 dargestellt, während
Fig. 16 ein Auslaßventil mit gekühltem Gehäuse zeigt.

An keinem Zylinder darf das Sicherheitsventil fehlen, das bei 50—60 kg/qcm abblasen
soll. Der kleinere Druck von 50 kg/qcm genügt bei großen Maschinen, bei denen man
mit 28—30 kg/qcm Endkompressionsspannung
auskommt. Bis 60 kg/qcm Abblasedruck wird
bei kleinen Maschinen gewählt, bei denen
hoher Kompressionsenddruck (35—37 kg/qcm)
mit Rücksicht auf sichere Zündung beim
Ansetzen nötig ist. Das Sicherheitsventil
am Arbeitszylinder soll so ausgebildet
sein, daß die bei der Betätigung austre-
tenden Abgase nicht zufällig in der Nähe stehendes Bedienungspersonal verletzen können.

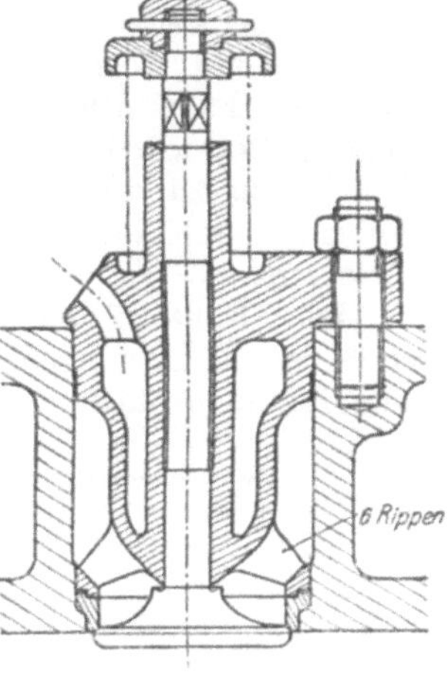

Fig. 16. Auslaßventil mit
gekühltem Gehäuse.

6. Steuerung und Umsteuerung.

Zum Steuern der Ventile von Dieselmaschinen werden heute ausschließlich mit Rollen versehene Hebel, die von umlaufenden Nockenscheiben betätigt werden, verwendet. Die von außerdeutschen Maschinenfabriken mehrfach verwendete Exzentersteuerung mit aufge-
setzten Nocken[1]) hat sich in Deutschland nicht einbürgern können.
Die Maschine muß einerseits mit Preßluft — während des Anfahrens —
anderseits mit Brennstoff — während des Betriebes — umlaufen. Im
ersteren Falle wird das Anlaßventil bei abgeschaltetem Brennstoffventil, im letzteren Falle das Brennstoffventil bei abgeschaltetem
Anlaßventil betätigt. Einlaß- und Auslaßventil müssen in beiden
Fällen in gleicher Weise arbeiten. Die Aufgabe wird — wie schon
bei den ersten Dieselmaschinen — in der Weise gelöst, daß die Ventilhebel für Brennstoff- und Anlaßventil auf eine gemeinsame exzentrische
Büchse gesetzt sind. Durch Verdrehen der Büchse kann entweder
die Rolle des Anlaßventils oder die Rolle des Brennstoffventils in den
Bereich des zugehörigen Nockens gebracht werden. In der Mittelstellung
sind beide Rollen außer Eingriff.

Bei den vielzylindrigen Schiffsmaschinen ist es vorteilhaft, die
Zylinder in zwei Gruppen von Anlassen auf Betrieb schalten zu können.

---

[1]) Siehe z. B. Beschreibung der Sulzerlokomotive. Z. d. V. d. I. 1913, S. 1327.

Die beiden Gruppen der Steuerung werden zweckmäßig durch zwei Handhebel betätigt, die gemeinsam — infolge Verblockung — auf Anlaßstellung gebracht und getrennt in Betriebsstellung gelegt werden. Das gruppenweise Umschalten von Anlassen auf Betrieb ist namentlich dort nötig, wo geringe Schwungmassen auf der Welle sitzen. Wenn in diesem Falle alle Zylinder gemeinsam von Anlassen auf Betrieb umgeschaltet würden, würde die Maschine, sofern nicht sofort einige Zylinder zu zünden anfangen, nach wenigen Umdrehungen stehenbleiben. Durch das gruppenweise Umschalten wird das Anlassen sehr erleichtert.

Beim Entwurf der Steuerung einer nicht umsteuerbaren Maschine ist es dem Konstrukteur anheimgegeben, ob er die exzentrische Lagerung für die Anlaß- und Brennstoffhebel auf eine gemeinsame Welle

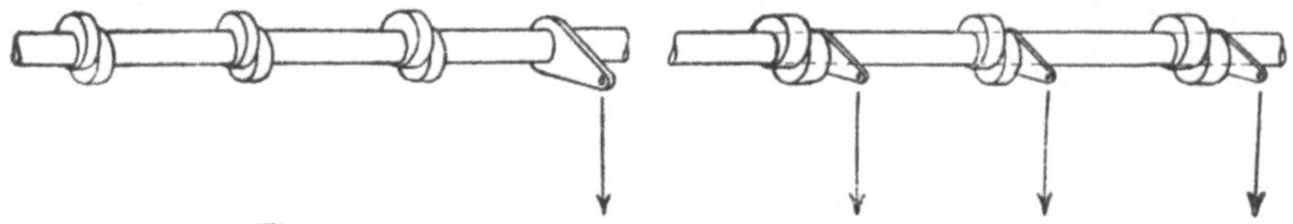

Fig. 17 u. 18. Anordnung der Exzenter für Ventilhebel.

setzen (Fig. 17) und die Welle im ganzen verdrehen will, oder ob er für jeden Zylinder eine besondere auf der Steuerwelle drehbar angeordnete exzentrische Büchse vorsieht, von denen jede durch eine besondere Stange mit der Anlaßsteuerung in Verbindung steht (Fig. 18). Wenn die Maschine umsteuerbar sein soll, ist nur die Anordnung mit den getrennten Büchsen möglich, da der Freiheitsgrad, die Hebelwelle im ganzen zu verdrehen, einem anderen Zwecke vorbehalten bleiben muß.

Für die Umsteuerung wird allgemein die Nockenwelle verschoben, wobei die Ventilrollen, die ursprünglich im Bereiche der Vorwärtsnocken gestanden hatten, in den Bereich der entsprechend versetzten Rückwärtsnocken gelangen. Eine Verdrehung der Nockenwelle relativ zur Kurbelwelle, die früher vielfach vorgesehen war, ist nicht nötig, da sämtliche Ventile von getrennten und gegeneinander entsprechend versetzten Vorwärts- oder Rückwärtsnocken gesteuert werden. Die Verschiebung der Welle bereitet Schwierigkeiten, solange die Auslaß- und Einlaßventil-Hebelrollen auf den Nocken aufliegen. Bei der seitlichen Verschiebung der Nockenwelle ohne weitere Vorkehrung würden die Rollen oder die Hebel der Ventile, die bei der augenblicklichen Kurbelstellung für Vorwärtsgang geschlossen und für Rückwärtsgang geöffnet sein sollen, abbrechen. Die Rollen müssen deshalb während der Verschiebung der Nockenwelle von den Nocken abgehoben sein oder die Nocken müssen mit einem seitlichen Anlauf versehen sein, damit die Rollen, die nach der Verschiebung zufällig gerade auf einem Nocken aufliegen, bei der Nockenwellenverschiebung allmählich angehoben werden. Die letztere Anordnung wird öfters bei Zweitaktmaschinen mit reiner Schlitzspülung gewählt, während bei Viertakt-

maschinen gewöhnlich die Nockenwelle verschoben wird, nachdem
vorher sämtliche Rollen von den Nocken abgehoben sind. Da die
Umsteuerung nur in der Stopplage der Maschine, in der Brennstoff-
und Anlaßrollen ebenfalls von den Nocken abgehoben sind, betätigt
werden kann, stehen der Wellenverschiebung keine Hindernisse im Wege.

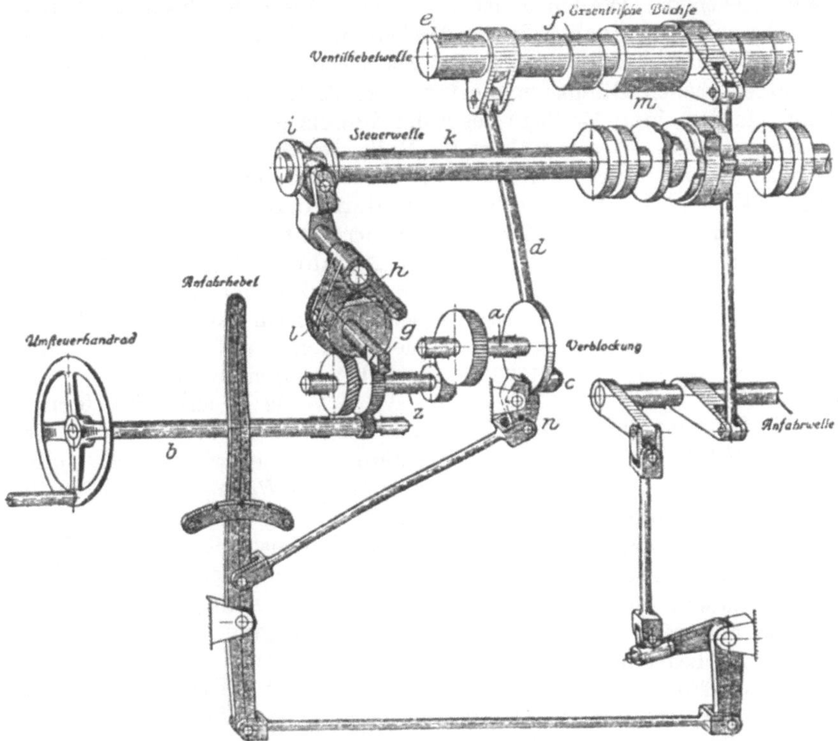

Fig. 19. Schematische Darstellung der Umsteuerung
einer 550 PS-Daimlermaschine.

Es ist zur Vermeidung von Bedienungsfehlern unbedingt erforderlich,
daß das Abheben der Rollen von den Nocken, das Verschieben der Welle
und das Wiederaufsetzen der Rollen durch die gleiche Vorrichtung
betätigt wird.

Eine schematische Darstellung der in neuerer Zeit gewöhnlich
verwendeten Umsteuerung ist in Fig. 19 gegeben, die die Umsteuerung
einer 550 PSe-Daimlermaschine darstellt. Die eigentliche Umsteuer-
welle a wird zum Zwecke der Umsteuerung um einen bestimmten
Betrag — etwa 270° — gedreht. Sie hat einen Anschlag, durch den
die beiden Endlagen der Umsteuerung — für „Voraus" und „Zurück"
begrenzt sind. Die Welle a wird durch ein Handrad b unter Zwischenschaltung einer Übersetzung ins Langsame angetrieben. Die Über-

setzung wird zweckmäßig so groß gewählt, daß das Handrad für eine Umsteuerung 3—8 mal — je nach der Größe der Maschine — umgedreht wird. An Welle a ist eine Kurbel c angelenkt, die mittels Stange d auf die Hebelwelle e einwirkt. Die Einlaß- und Auslaßventilhebel sitzen auf den exzentrischen Wellenverdickungen f; sie werden beim Drehen der Wellen a und e gehoben, bis c den höchsten Punkt erreicht hat. Bei noch weiterem Drehen der Welle a werden die Hebel wieder gesenkt. Die Hebel für Brennstoff- und Anlaßventil sitzen auf der exzentrischen Büchse m, die durch den Anfahrhebel gedreht werden kann. In der einen Endlage des Anfahrhebels ist die Rolle des Brennstoffventilhebels, in der anderen die Rolle des Anlaßventilhebels in den Bereich der zugehörigen Nocken gebracht. In der Mittellage des Anfahrhebels sind beide Ventilhebel aus dem Bereiche der Nocken entrückt. Durch die Verblockung n wird erreicht, daß das Umsteuerrad nur gedreht werden kann, wenn der Anfahrhebel in der Mittellage

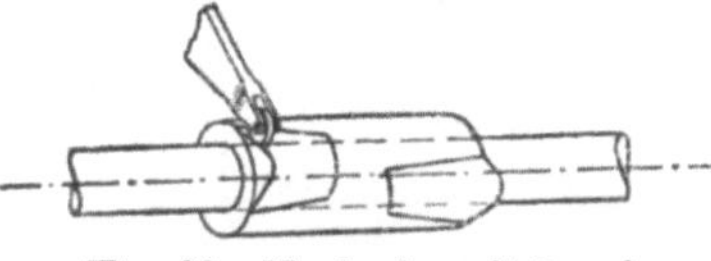

Fig. 20. Nach der Seite zu verjüngter Nocken.

steht und daß der Anfahrhebel nur ausgelegt werden kann, wenn die Umsteuerung voll auf „Voraus" oder „Zurück" eingestellt ist.

Von Welle a aus wird ferner durch Schraubenradübersetzung (in der Figur ist eine Zwischenwelle z eingeschaltet) die Welle g angetrieben, die durch Rollenscheibe h und Schiebemuffe i die Nockenwelle k verschiebt. Durch geeignete Ausbildung der Rollenscheibe h ist erreicht, daß die Nockenwelle nur bei abgehobenen Ventilhebeln verschoben wird. Während die Ventilhebel abgehoben und während sie gesenkt werden, überträgt die Rollenscheibe keine Bewegung auf die Schiebemuffe. Zu beachten ist, daß im Maschinenbetrieb nur die Nockenwelle k umläuft, alle übrigen Wellen der Fig. 19 stillstehen. Für den Umsteuervorgang werden alle Wellen gedreht bis auf die Nockenwelle, die ohne Drehung verschoben wird.

Bei Zweitaktmaschinen, bei denen der Auspuff durch Schlitze gesteuert wird, wird gewöhnlich die Nockenwellenverschiebung ohne Abheben der Hebelrollen durchgeführt. Der Einlaßventilnocken muß dann mit einem seitlich verjüngten Ansatz versehen sein, damit eine auf dem Nocken zur Auflage kommende Rolle bei der Wellenverschiebung nur ganz allmählich gehoben wird (Fig. 20). Genügender Platz nach der Seite für die Ausbildung des Nockens ist bei Zweitaktmaschinen vorhanden, da der Auslaßventilnocken in Wegfall kommt.

Ein wichtiger Umstand, der bei der Gestaltung der Steuerung zu beachten ist, ist die leichte Einstellbarkeit des Rollenabstandes. Vor allem muß die Steuerung des Brennstoffventils in einfachster Weise im Betrieb eingestellt werden können. Die Einstellung des Rollenabstandes mittels Spekulanten (siehe Fig. 83) genügt beim Brennstoffventil nicht, da Abweichungen in der Steuerung durch Wärmeverziehungen im Betrieb, Abnutzung usw. eintreten, die von Zeit zu Zeit an Hand der Diagramme berichtigt werden müssen. Diese Feineinstellung der Maschine kann nur während des Betriebes erfolgen. Eine Maschine, deren Brennstoffventilsteuerung nur bei abgestellter Maschine eingestellt werden kann, wird im praktischen Betrieb stets mit scharfen Vorzündungen oder Nachzündungen laufen und deshalb wenig haltbar sein.

Die Steuerhebelwelle von Sechszylindermaschinen wird oft aus einem Stück hergestellt; die Lagerungen der Welle sind an den Deckeln oder Mänteln der einzelnen Zylinder befestigt. Die erstere Anordnung hat den Nachteil, daß man, wenn man Überholungsarbeiten an einem Deckel vornehmen will, erst die gesamte Hebelwelle für alle Zylinder ausbauen muß, um den Deckel abnehmen zu können. Bei Befestigung der Steuerhebelwellen-Lagerung am Zylindermantel muß Vorsorge getroffen werden, daß die Deckel ohne Abbau der Hebelwelle abgenommen werden können. Vielfach wird die Hebelwelle für jeden Zylinder getrennt ausgeführt und die einzelnen Stücke durch Flanschen miteinander verbunden, eine Anordnung, bei der der Ausbau von Ventilen und das Abnehmen eines Zylinderdeckels sehr erleichtert ist.

Die Nockenwelle[1]) soll bei größeren Maschinen zu beiden Seiten eines jeden Zylinders gelagert sein, da bei der Betätigung der Steuerung große Biegungskräfte auf die Welle übertragen werden und da keine erhebliche Durchbiegung der Welle wegen der damit verbundenen Beeinflussung der Ventilsteuerung eintreten darf. Da die Hebel- und die Nockenwelle so oft und in so kurzen Abständen gelagert sind, müssen sie mit großer Sorgfalt eingepaßt werden, zumal die einzelnen Lager nur geringes Spiel haben dürfen.

7. Der Verdichter.

Die Verdichter der U-Boots-Dieselmaschinen wurden mitunter als Reserveluftpumpen für andere Zwecke benutzt. Sie mußten in besonderen Fällen Luft bis 160 Atm. aufpumpen und wurden deshalb vielfach vierstufig ausgeführt. In anderen Dieselmaschinenbetrieben, wo man im allgemeinen keinen Bedarf an so hochgespannter Preßluft hat, genügt eine dreistufige Luftpumpe. Mitunter wurden auch zweistufige Luftpumpen für schnellaufende Maschinen verwendet; sie haben sich aus folgendem Grunde weniger gut bewährt: Der maximale Enddruck im Verdichter beträgt rund 80—100 kg/qcm. Bei zweistufiger Kompression muß also in jedem Zylinder eine 9—10fache Verdichtung vorgenommen werden, die ziemlich hohe Temperaturen zur Folge hat. Die starke Erwärmung bringt leicht Betriebsstörungen mit sich. Bei langsam laufenden Landmaschinen bestehen diese Bedenken wegen der stärkeren Abkühlung der Luft durch die Wände des Arbeitszylinders während des Verdichtungshubes und wegen des niedrigeren Einblasedruckes nicht, so daß man hier im allgemeinen mit zweistufigen Verdichtern auskommt.

---

[1]) Die Nockenwelle ist gewöhnlich ebenfalls am Zylindermantel gelagert, wobei die Lagerböcke für Hebel- und Nockenwelle zwecks Ausgleich der Kräfte von gemeinsamen Armen getragen werden.

Die drei Stufen des Verdichters einer schnellaufenden Maschine können an eine Kurbel angehängt werden, wenn man (Fig. 21) zwei Stufen (zweckmäßig die erste und dritte) nach oben und eine Stufe nach unten zu anordnet. Der Aufbau hat den besonderen Vorteil, daß die Druckkräfte zum Teil aufgehoben werden, das Schubstangenlager also entlastet ist. Bei der Anordnung nach der Figur ist ferner vorteilhaft, daß zu unterst nicht die (zeitweise mit Unterdruck arbeitende) erste Stufe, sondern die zweite Stufe, die auch beim Ansaugen Überdruck hat, gelegen ist. Es ist deshalb ausgeschlossen, daß zu viel von dem an die Zylindergleitfläche gespritzten Schmieröl hochgesogen wird und die Ventile verschmutzt, was mitunter bei den Verdichtern mit zu unterst angeordneter erster Stufe der Fall ist. Die Anordnung nach der Figur hat die nicht sehr schwer wiegenden Nachteile, daß der Abbau des Kompressors bei Beschädigungen und der Ausbau des Kolbens, der sich nicht mehr nach unten aus dem Zylinder herausziehen läßt, umständlich ist und daß die schädlichen Räume schwerer eingestellt werden können, da ein Höherbringen des Kolbens nicht nur eine Verkleinerung der schädlichen Räume oben, sondern auch eine Vergrößerung der schädlichen Räume unten zur Folge hat.

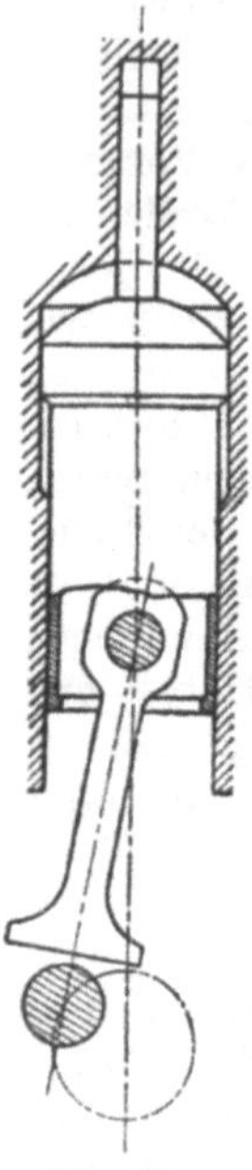

Um einen besseren Massenausgleich zu erzielen, wird der Verdichter bei größeren Maschinen geteilt und von zwei unter 180° versetzten Kurbeln angetrieben. Bei Anordnungen dieser Art verschwinden die Massenkräfte erster Ordnung vollständig — unter der Voraussetzung gleicher bewegter Massen in beiden Zylindern —, dagegen addieren sich die Massenkräfte zweiter Ordnung, die von der endlichen Schubstangenlänge herrühren und im doppelten Maschinentakt auftreten.

Fig. 21.
Dreistufiger
Verdichter.

Da die Verdichter von den Ölmaschinenfabriken vielfach zu klein bemessen werden, soll einiges über den Einspritzluftverbrauch beigefügt werden.

Der Verdichter schafft bei vollständig geöffneter Drosselklappe in der Saugleitung eine Luftmenge V auf jede Umdrehung, die gleich ist dem Hubvolumen V_K der Niederdruckstufe, multipliziert mit einem Wirkungsgrad η, der ungefähr mit 0,8 eingesetzt werden kann. Die während zweier Umdrehungen geförderte Druckluft wird bei einer sechszylindrigen Viertaktmaschine dazu verwendet, um sechsmal Brennstoff in die im Arbeitszylinder verdichtete Luft einzuspritzen. Die im Arbeitszylinder komprimierte und die für die Einspritzung benötigte Luftmenge stehen in einem bestimmten Verhältnis. Es ist deshalb naheliegend, das Hubvolumen der Niederdruckstufe und das Hubvolumen der vom Verdichter bedienten Arbeitszylinder $\varSigma V_A$ in Verhältnis — das mit α bezeichnet werden soll — zueinander zu setzen. Es ist also: $\qquad \alpha = V_K : \varSigma V_A$ bei Zweitaktmaschinen und

$$\alpha = 2\,V_k : \Sigma\,V_A \text{ bei Viertaktmaschinen.}$$

α soll bei schnellaufenden Dieselmaschinen zwischen 0,16 und 0,18 betragen.

Die volle Leistung des Verdichters wird nur beim Aufpumpen der Anlaßflasche gebraucht. Im Betrieb wird die Ansaugeleitung des Verdichters gedrosselt, um eine geringere Förderung zu erzielen. Die Regelung der vom Verdichter geförderten Luftmenge durch Drosselung ist zwar unökonomisch; sie hat aber den wichtigen Vorzug der Einfachheit. Andere Regelarten — z. B. durch verschließbare Überströmklappen, Vergrößerung des Totraumes, Schieberregelung — haben bei den Verdichtern der Dieselmaschinen keinen Eingang finden können.

Verhältnismäßig am meisten Luft wird im Betrieb bei voller Belastung und bei kleiner Drehzahl verbraucht. Bei hoher Belastung wird hoher Einblasedruck eingestellt, damit die bei jedem Arbeitsprozeß eingespritzte Brennstoffmenge gut zerstäubt wird; bei jeder Brennstoffventileröffnung tritt deshalb mit der größeren Brennstoffmenge auch mehr Einblaseluft in den Arbeitszylinder über als bei niedrigerem Einblasedruck. Bei niedriger Drehzahl ist das Brennstoffventil längere Zeit geöffnet, so daß trotz des niedrigeren Einblasedrucks bei jeder Ventileröffnung mehr Einblaseluft in den Arbeitszylinder übertritt als bei hoher Drehzahl. (Eine Ausnahme tritt ein, wenn die Eröffnungsdauer oder der Eröffnungshub des Brennstoffventils mit der Maschinenbelastung geregelt wird, wie es bei den neueren Maschinen vielfach der Fall ist. Siehe S. 50.) Von der kurzen Zeit des Aufpumpens der Anlaßflaschen abgesehen ist der Verdichter für den Betrieb zu groß bemessen; er arbeitet unwirtschaftlich, da die Luft beim Eintritt gedrosselt und beim Rückgang des Kolbens wieder verdichtet werden muß. Das Bestreben liegt deshalb nahe, den Verdichter mit Rücksicht auf einen günstigen Brennstoffverbrauch so klein wie möglich auszuführen. Tatsächlich schneiden Maschinen mit einem verhältnismäßig kleinen Verdichter ($\alpha = 0{,}12$ bis $0{,}14$) auf dem Probestand und bei der Abnahme in bezug auf Ölverbrauch ein wenig günstiger ab als Maschinen gleicher Art mit einem reichlichen Verdichter. Im Betrieb stellen sich aber bei ersteren Maschinen oft Schwierigkeiten ein, da der Verdichter bei kleinen Einstellungsfehlern — zu langem Eröffnen der Brennstoffventile, kleinen Undichtigkeiten des Verdichterkolbens, kleinen Undichtigkeiten der Einblaseluftleitung, leichtem Blasen der Brennstoffnadeln — nicht mehr genügend Luft fördert. Es müssen dann oft langwierige Versuche und Nachforschungen angestellt werden, um die für die Betriebssicherheit der Maschine unwesentlichen Störungen zu beheben. Im Interesse der Betriebssicherheit soll deshalb α bei schnellaufenden Maschinen mindestens 0,16 betragen.

An Bord von Schiffen muß für alle Fälle ein Reserveluftverdichter, mit dem die Anlaßflasche im Notfall aufgeladen werden kann, vorgesehen sein.

8. Brennstoffpumpe mit Schwimmer.

Die Brennstoffpumpe besitzt für jeden Arbeitszylinder einen Plunger, der bei allen Belastungen gleiches Hubvolumen hat, ferner ein Saugventil und zwei Druckventile. Zur Regelung der Fördermenge der Brennstoffpumpe wird das Saugventil während eines Teiles des Plungerdruckhubes durch einen Stößel aufgedrückt, so daß der Brennstoff in den Saugraum zurückfließen kann. Der Arbeitshub des Plungers beginnt erst, wenn der Stößel das Saugventil freigegeben hat. Die Regelung der Stößelbetätigung, die das Saugventil je nach der Belastung kürzere oder längere Zeit aufdrückt, ist verschieden. Gewöhnlich wird das Stößelgestänge unmittelbar an die Plungerführung, mit der es sich auf- und abbewegt, angelenkt. Die Regulierung erfolgt durch ein zwischengeschaltetes Glied, gewöhnlich ein Exzenter, durch dessen Verdrehung das auf- und abgehende Stößelgestänge in der Höhenlage eingestellt wird. Die jetzt allgemein verwendete Brennstoffpumpe war ursprünglich durch ein inzwischen abgelaufenes Patent der M. A. N. geschützt.

Es ist für die Zerstäubung des Brennstoffes und für die Verbrennung ziemlich belanglos, zu welcher Zeit der Brennstoff im Brennstoffventil vorgelagert wird, ob also der Plungerdruckhub mit dem Ansauge-, Kompressions-, Arbeits- oder Auspuffhub des Kolbens zusammenfällt.

Beim Bau der Brennstoffpumpe muß darauf geachtet werden, daß in den Arbeitsraum der Pumpe eingetretene Preßluft sofort wieder entweichen kann. Wie die Luft eintritt, soll in einem späteren Abschnitte erklärt werden. Hier genügt die Angabe, daß unter Umständen Druckluft von mehreren Atmosphären Spannung in den Arbeitsraum eintritt und daß sie bei ungeeigneter Konstruktion der Pumpe nicht so leicht wieder entfernt werden kann. Beim Arbeiten des Plungers wird die Luft bald zusammengedrückt, bald entspannt. Durch das Saugventil, das bei jeder Umdrehung der Pumpenwelle einmal aufgedrückt wird, entweicht die Luft, die unter dem Saugventil steht. Die übrige Luft wird beim Plungerdruckhub verdichtet, kommt aber nicht auf eine genügend hohe Spannung, um das Druckventil, das von der anderen Seite her unter dem Druck der Einblaseluft steht, zu öffnen. Die Pumpe fördert nicht. Um solche Versager unmöglich zu machen, soll die Pumpe so gebaut sein, daß die Luft von selbst sofort nach dem Ansetzen möglichst vollständig entweichen kann. Um dies zu erreichen, wird das Saugventil, das bei jeder Umdrehung aufgedrückt wird, möglichst an der höchsten Stelle des Pumpenraumes, angeordnet oder es wird eine Entlüftungsschraube im Raum zwischen den beiden Druckventilen vorgesehen, die bei einem Versagen der Pumpe für kurze Zeit geöffnet wird (Fig. 22). An den Pumpenraum ist ferner eine Handpumpe angeschlossen, mit der die Druckleitung vor dem Ingangsetzen der Maschine aufgepumpt wird.

In die Zuleitung zur Brennstoffpumpe wird vielfach unmittelbar vor die Pumpe ein Schwimmer gesetzt, der gleichen und vor allem nicht zu hohen Zulaufdruck regelt. Bei zu hohem Zulaufdruck — wenn also der Brennstoffvorratsbehälter wesentlich über der Maschine liegt —

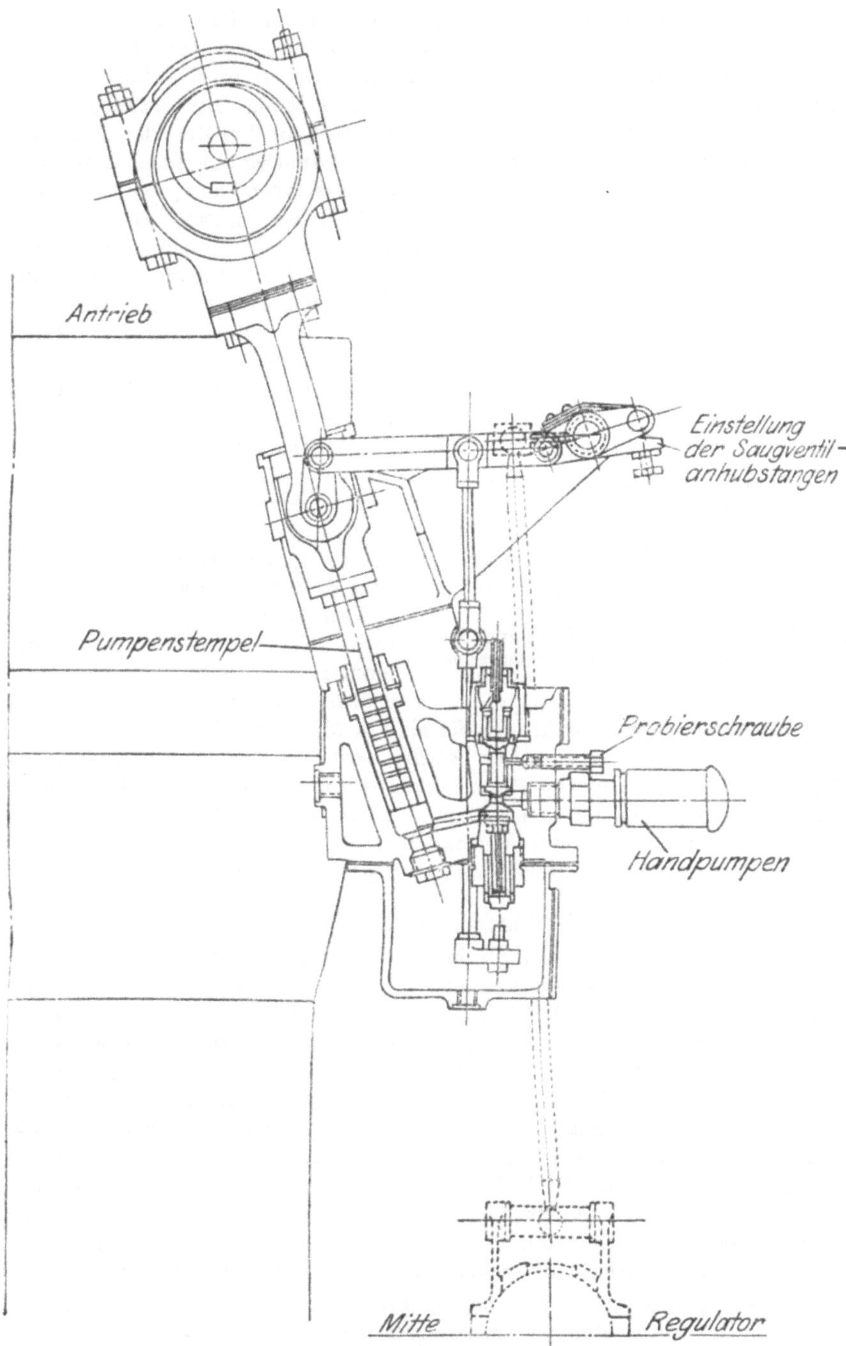

Fig. 22. Brennstoffpumpe der G. M. A.

kann es vorkommen, daß nach dem Abstellen der Maschine Brennstoff in geringen Mengen durch die Sauge- und Druckventile der Pumpe hindurchfließt und den Zerstäuber im Brennstoffventil anfüllt[1]). Sobald wieder angesetzt wird, gelangt die große Menge Brennstoff bei der ersten Öffnung des Brennstoffventils plötzlich in den Zylinder und hat dort eine scharfe Zündung mit hohem Druckanstieg zur Folge. Die Gefahr wird vermieden, wenn vor der ziemlich tief sitzenden Brennstoffpumpe ein Schwimmer angeordnet ist, der den Flüssigkeitsspiegel tiefer hält als die Brennstoffventile im Zylinderdeckel (Fig. 23). Der Schwimmer soll so ausgebildet sein, daß der Brennstoff bei Undichtigkeit des Schwimmerventils durch ein Entlüftungsloch in den Maschinenraum abfließt und daß das Schwimmerventil durch einen vorragenden Stift oder Knopf, der am Schwimmerkörper angreift, von außen gelüftet werden kann.

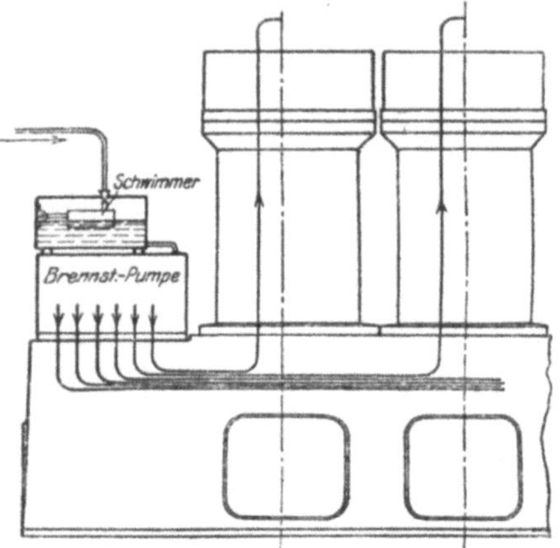

Fig. 23. Schwimmer zur Regelung des Druckes im Brennstoffpumpen-Saugraum.

Der Brennstoffpumpe soll der Brennstoff unter einem geringen Überdruck zufließen, da sie sich nicht als Saugepumpe eignet. Wenn der Brennstoffvorratsbehälter tiefer als die Maschine liegt, muß deshalb eine Zubringpumpe vorgesehen werden, die den Brennstoff aus dem Behälter saugt und der eigentlichen Brennstoffpumpe zuführt. Zwischen Zubringpumpe und Brennstoffpumpe wird zweckmäßig ein über der Brennstoffpumpe liegender Verbrauchsbehälter eingeschaltet, der von Zeit zu Zeit durch die Zubringpumpe aufgefüllt wird.

9. Ölpumpe und Schmierung.

Die Ölpumpe saugt das Öl durch eine möglichst kurze gerade Leitung aus dem Ölverbrauchstank, der unter der Kurbelwanne angebracht ist, und drückt es durch Ölfilter und -kühler in die Öldruckleitung. Das Schmieröl wird jedem Grundlager getrennt, und zwar gewöhnlich von oben durch ein Zuleitungsrohr, das in der Mitte des Lagerdeckels einmündet, zugeleitet. In der Regel ist der Grundlagerzapfen angebohrt, so daß das Öl aus dem Lager in die hohle Welle und von dieser aus in das untere Schubstangenlager des benachbarten Arbeitszylinders übertreten kann. (Siehe z. B. die in Tafel VI dargestellte Maschine der Germaniawerft.)

Die Speisung der Kurbelwelle mit Öl für die Schmierung der Schubstangen ist verschiedentlich von einer einzigen am Wellenende befindlichen Zuführungsstelle aus erfolgt; die Anordnung hat sich nicht be-

---

[1]) Das unbeabsichtigte Zulaufen des Brennstoffs ins Brennstoffventil kann natürlich nur bei abgestelltem Einblasedruck eintreten.

währt, da die verschiedenen Zapfstellen bei einer sechszylindrigen Maschine unter zu sehr verschiedenen Drücken stehen. Die der Zuführungsstelle am nächsten gelegenen Lager werden bei dieser Anordnung, namentlich sobald sie etwas viel Lose haben und das Öl aus ihnen leicht entweichen kann, wesentlich gründlicher geschmiert als

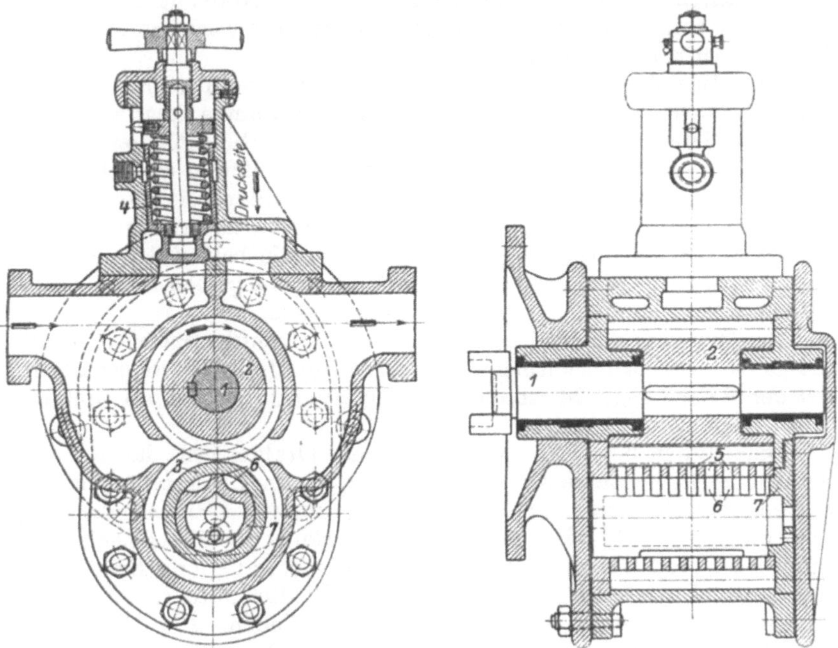

Fig. 24 u. 25. Zahnradschmierölpumpe der Firma Neidig in Mannheim.

die am weitesten abgelegenen Lager. Bei der vorher genannten Schmierung des Kurbelzapfenlagers vom benachbarten Grundlager aus wird eine gleichmäßigere Schmierung erzielt. Vom Kurbelzapfenlager aus steigt das Schmieröl, soweit es nicht durch das Lager selbst abströmt, durch die hohle Schubstange in der auf Seite 8 beschriebenen Weise zum Kolbenbolzenlager empor.

Die Ölpumpe wird gewöhnlich als Zahnradpumpe ausgebildet, die bei umsteuerbaren Maschinen mit Klappen für die Umsteuerung der Pumpe ausgerüstet ist. In Fig. 24/25 ist eine nicht umsteuerbare Pumpe, die von der Maschinenfabrik A. Neidig, Mannheim, vielfach für die Ölmaschinenfabriken geliefert worden ist, dargestellt. Das auf der Antriebswelle 1 sitzende Zahnrad 2 treibt das Zahnrad 3 an und bewirkt dadurch einen Druckunterschied bis zu 7 kg/qcm. Wenn der Druck noch höher ansteigt, wird das Sicherheitsventil, auf dessen Entlastungskolben 4 der Öldruck einwirkt, geöffnet; es kann dann Öl aus dem Druckraum nach dem Saugraum abfließen. Bei dieser Pumpe ist die Entlastung der Zahnradzapfen besonders bemerkenswert. Das Zahnrad 3 ist nämlich mit Bohrungen 5 zwischen den Zähnen — aus der Seitenansicht Fig. 25 ersichtlich — versehen, die über entsprechende Vertiefungen 6 des Zapfens 7 hinweggleiten. Durch die Bohrungen kann das Öl, das beim Kämmen der Zahnräder eingeschlossen und komprimiert wird, entweichen, ohne einen Rückdruck auf die Lagerzapfen auszuüben, wie es bei nicht entlasteten Zahnrädern der Fall ist. Die Anordnung ist durch D. R. P. 296 588 geschützt.

Der Antrieb der Pumpe erfolgt entweder unmittelbar von der Kurbelwelle oder von der Steuerwelle aus. Die Pumpe saugt aus einem Vorratsbehälter, in den das in der Maschine verbrauchte (erwärmte) Öl abfließt und drückt durch Ölkühler und Ölfilter in die Schmieröldruckleitung. Es wäre unzweckmäßig, das Ölfilter oder gar den Ölkühler in die Saugleitung der Pumpe zu setzen, da erfahrungsgemäß geringe Undichtigkeiten in der Saugleitung, die beim Ölkühler leicht eintreten können, ein Versagen der Pumpe zur Folge haben. Die Saugleitung soll vielmehr so kurz wie möglich sein.

Zur Regelung des Öldrucks ist ein Umlaufventil vorgesehen, durch das Öl von der Druckleitung zur Saugleitung abgelassen werden kann. Bei der Pumpe Fig. 24 ist das Sicherheitsventil zugleich als Umlaufventil ausgebildet.

Die Ölfilter bestehen gewöhnlich aus Drahtsieben, die in einen Behälter leicht herausnehmbar (für die Reinigung) eingesetzt sind, sie werden doppelt und umschaltbar ausgeführt. Während die eine Seite gereinigt wird, wird mit der anderen Seite der Maschinenbetrieb aufrecht erhalten. Beim Reinigen des Ölfilters ist gut auf die Beschaffenheit des Rückstandes zu achten, da sich im Ölfilter mitunter Anzeichen für eine bevorstehende Maschinenstörung vorfinden. Die Rückstände im Ölfilter bestehen gewöhnlich aus Sandkörnchen, Koks, Holz- und Baumwollfasern oder Weißmetallkörperchen.

Bei der Konstruktion des Ölkühlers ist zu beachten, daß der Wärmeaustausch zwischen Öl und Wandung viel träger erfolgt als zwischen Kühlwasser und Wandung. Die den Wärmeaustausch vermittelnden Wandungen der Kühlrohre des Ölkühlers haben deshalb Wärmegrade, die wesentlich näher der Kühlerwassertemperatur als der Öltemperatur liegen. Um bei einem Kühler mit gegebener Austauschfläche eine möglichst hohe Kühlwirkung zu erzielen, ist es nötig, in erster Linie den Austausch zwischen Öl und Wandung durch günstigste Führung des Öls möglichst zu steigern, während durch Verbesserung der Kühlwasserführung keine nennenswerte Steigerung der Kühlwirkung zu erzielen ist. Das Öl streicht aber an der Wandung beim Strömen durch gerade Rohre infolge seiner großen Zähigkeit in parallelen Strahlen entlang, wobei nur die an der Wandung entlang gleitenden Strahlen am Wärmeaustausch beteiligt sind, während die Strahlen in der Mitte des Rohres ihre Temperatur wenig ändern. Diese Tatsache, die für die Konstruktion des Ölkühlers wesentlich ist, wurde durch folgenden Versuch bestätigt:

In einem Doppelröhrenwärmeaustauscher (Fig. 26) wurde Öl von etwa 60° durch Wasser mit etwa 10° Eintrittstemperatur gekühlt. Der Kühler bestand aus 16 Einzelelementen; das Kühlwasser floß mit 15° ab. Das Öl strömte durch die Innenrohre, das Kühlwasser durch die Mantelrohre. Durch Befühlen der Wandungen wurde festgestellt, daß die Temperatur an der Stelle a verhältnismäßig niedrig — etwa 20° — und an der Stelle b recht hoch — etwa 50° — war. Die niedrige Temperatur an der Stelle a war darauf zurückzuführen, daß die im Innenrohr c längs der Wandung hinströmenden Ölfäden vom Kühlwasser stark gekühlt waren. Bei der Umlenkung des Öls im Kniestück d trat eine Mischung des Inhalts ein, die die Erwärmung der Wandung an der Stelle b zur Folge hatte.

Der Versuch lehrt, daß das Öl im Öl- kühler zur Erzielung eines regen Wärmeaustausches oft in der Richtung abgelenkt werden muß. Ein neuzeitlicher Ölkühler, der diesem Erfordernis gerecht wird, ist in Fig. 73 wiedergegeben.

Im Ölkühler soll bei Seewasserkühlung größerer Druck im Öl als im Kühlwasser herrschen, damit bei Undichtheiten Öl ins Kühlwasser, aber kein Kühlwasser ins Öl übertreten kann. Hinter dem Kühler oder schon im Kühler selbst teilt sich bei größeren

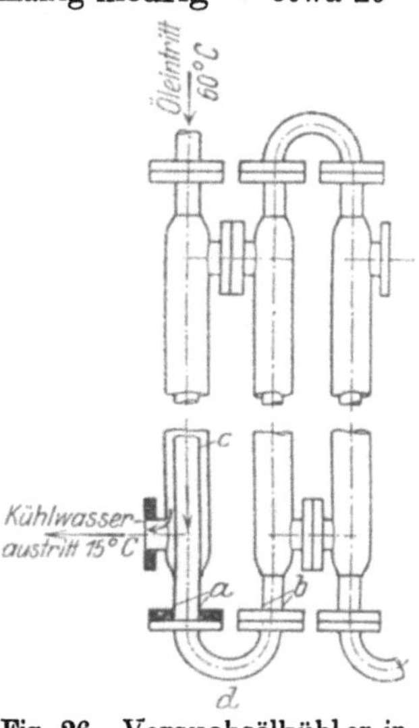

Fig. 26. Versuchsölkühler in Doppelröhren-Anordnung.

Maschinen die Ölleitung. Ein Teil wird zum Schmieren der Lager, der Hauptteil aber zum Kühlen der Kolben verwendet.

Die Kühlung der Kolben unterscheidet sich dadurch von der Kühlung der anderen Maschinenteile, daß sie besonders sorgfältig beaufsichtigt werden muß. Infolge der Beschleunigungskräfte, denen der kühlende Inhalt des Kolbens unterworfen ist, treten in den Zu- und Abflußleitungen der Kolben leicht starke Druckschwankungen auf, die die gleichmäßige Verteilung des Kühlöls auf die einzelnen Kolben beeinträchtigen. Die Gefahr des Warmlaufens eines Kolbens ist ferner deshalb besonders groß, weil die Kolben im Betriebe nicht durch Befühlen mit der Hand geprüft werden können. Unzulässige Erwärmung eines Kolbens hat sein Festfressen im Zylinder zur Folge. Um dieser Gefahr vorzubeugen, wird das Kolbenkühlöl eines jeden Zylinders getrennt abgeleitet und durch Thermometer, von denen je eines in jede Abflußleitung eingeschaltet ist, auf Temperaturerhöhung geprüft. Ein Kolbenkühlöl-Abflußkasten, in dem die verschiedenen Kühlölabflüsse zusammengeführt und durch eine Glasscheibe sichtbar gemacht sind, ist in Fig. 27/28 dargestellt, die eine von der Unterseebootsinspektion für alle U-Boote entworfene Ausführung wiedergibt. Bei der Anbringung des Kühlölabflußkastens wurde öfters eine nicht genügend weite

Ölabflußleitung vom Kasten nach dem Sammelbehälter vorgesehen. Die Folge davon waren Stauungen des Öls im Kasten, die die Beobachtung der vom Kolben kommenden Ölstrahlen unmöglich machen. Die Abflußleitung soll z. B. erfahrungsgemäß bei einer 500 PS-Maschine und bei einem Gefälle von 1,5 m etwa 80 mm l. W. haben, wenn der

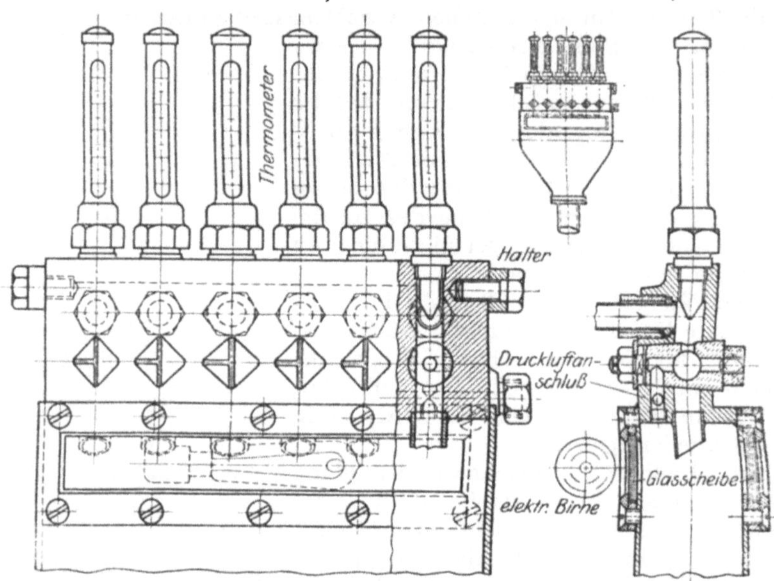

Fig. 27 u. 28. Kolbenkühlöl-Abflußkasten nach Angaben der U. J., Kiel.

Sammelbehälter so nahe beim Abflußkasten liegt, daß die Abflußleitung nicht länger als 4 m ist.

Der Zuleitungsdruck für Kolbenkühlöl darf nicht zu niedrig sein, damit bei den Massenbeschleunigungen an keiner Stelle Unterdruck entsteht. Empfehlenswert ist ein Kolbenkühlöldruck von 3—3,5 Atm. bei Höchstdrehzahl. Andererseits soll in der Schmierölleitung kein zu hoher Druck gehalten werden, da sonst das aus den Lagern heraustretende Öl zu stark in der Kurbelwanne herumspritzt. Der Schmieröldruck mag bei Höchstdrehzahl 2—2,5 Atm. betragen. Zum Einregeln beider Drucke werden zweckmäßig Drosselventile in beide Leitungen gesetzt, mit denen der Druck hinter dem Ölkühler auf die gewünschten Werte heruntergedrosselt wird (Fig. 29/30). Durch Drehen des Handrades a wird die Muffe b hochgeschraubt, die durch Vermittlung der Schraubenmutter c auf die Ventilspindel d und den Kegel e einwirkt. Wenn der Druck unter dem Ventilkegel e zu groß wird, wird das Ventil unter Zusammendrücken der Feder f weiter geöffnet.

In Fig. 31 ist der Schmierölleitungsplan einer 550 PS-Maschine der M. A. N. dargestellt. Die Anordnung ist dadurch besonders ausgezeichnet, daß das Kolbenkühlöl nur einen Teil des Ölkühlers durch-

läuft und dann abgezapft wird, während das Schmieröl das Ende des
Ölkühlers allein durchströmt. Das den Lagern zugeführte Schmieröl
ist deshalb nach Verlassen des Kühlers stärker abgekühlt als das Kolbenkühlöl. Das Schmieröl soll so stark, wie es die Kühlwassertemperatur
zuläßt, gekühlt werden. Das Kolbenkühlöl dagegen braucht nicht so
kalt in den Kolben einzutreten, da der Temperaturunterschied zwischen
Kolbenbodenwandung und Öl
sehr groß ist. Für Kolbenöl-
kühlung und Schmierölkühlung
werden deshalb verschieden hohe
Temperaturgrade angestrebt, die
durch die besondere Ölführung
erreicht werden. Die Anordnung
ist durch D. R. P. 298 956 geschützt.

Die Gleitflächen der Arbeitskolben von kreuzkopflosen Maschinen mit geschlossener Kurbelwanne werden im allgemeinen im
Betrieb nicht durch besondere
Leitungen geschmiert, da aus der
Kurbelwanne genügend Öl an die
Gleitbahn spritzt und vom Kolben
verteilt wird. Es ist aber empfehlenswert, die Arbeitskolben
vor der Inbetriebsetzung nach

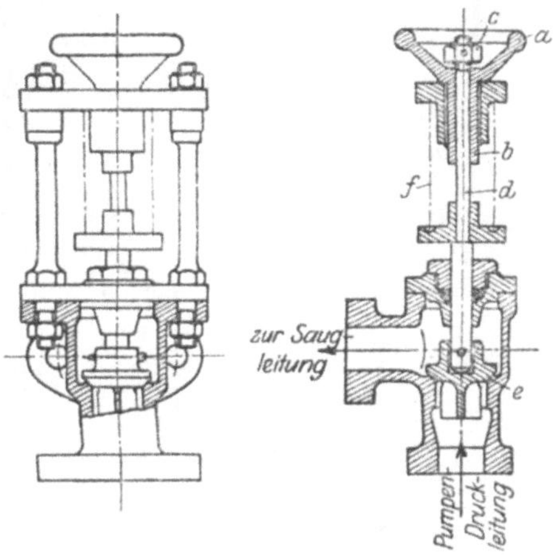

Fig. 29 u. 30. Vereinigtes Kegel- und
Sicherheitsventil für Öl- und Kühlwasserleitungen.

längerem Stillstand der Maschine zu schmieren. Eine besondere Hoch-
druckschmierung ist für den Verdichter vorgesehen. Jede Stufe erhält eine bestimmte durch einen kleinen Schmierölpumpenkolben zu-
gemessene Ölmenge. Die zunächst der Kurbelwanne gelegene Stufe
des Verdichters braucht nicht besonders geschmiert zu werden,
wenn aus der Kurbelwanne genügend Ölspritzer an die Gleitbahn gelangen. Als Schmierpumpe für den Verdichter werden vielfach Boschöler verwendet, die sich gut bewährt haben.

10. Kühlpumpe und Kühlung.

Eine besondere Kühlwasserpumpe ist nötig, wenn das Kühlwasser
der Maschine nicht von selbst unter Druck zufließt. Im Gegensatz zur
Schmierölpumpe eignen sich Zahnradpumpen nicht für die Förderung
des Kühlwassers, da zu leicht Verschmutzungen eintreten und da die
Zahnräder bei eiserner Ausführung verrosten und bei bronzener Ausführung rasch abnutzen würden. Als Kühlpumpen werden deshalb
allgemein Kolbenpumpen verwendet, die am Ende der Kurbelwelle
angeordnet sind. Bei diesen Pumpen — kleinere Maschinen haben gewöhnlich Plungerpumpen, große Maschinen doppeltwirkende Kolbenpumpen — muß mit besonderer Sorgfalt das Übertreten von Kühlwasser aus dem Arbeitsraum der Pumpe in die Kurbelwanne verhütet

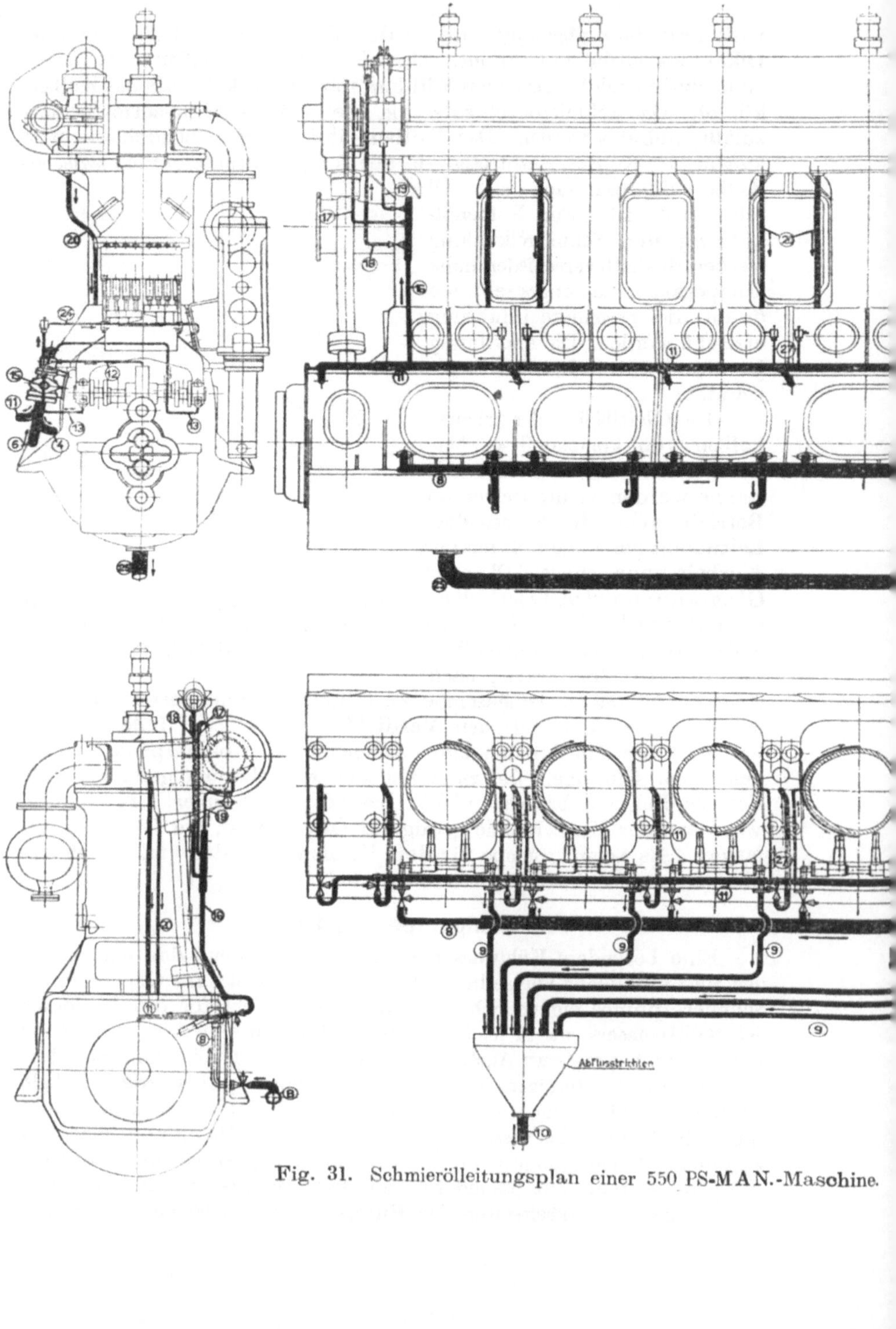

Fig. 31. Schmierölleitungsplan einer 550 PS-MAN.-Maschine.

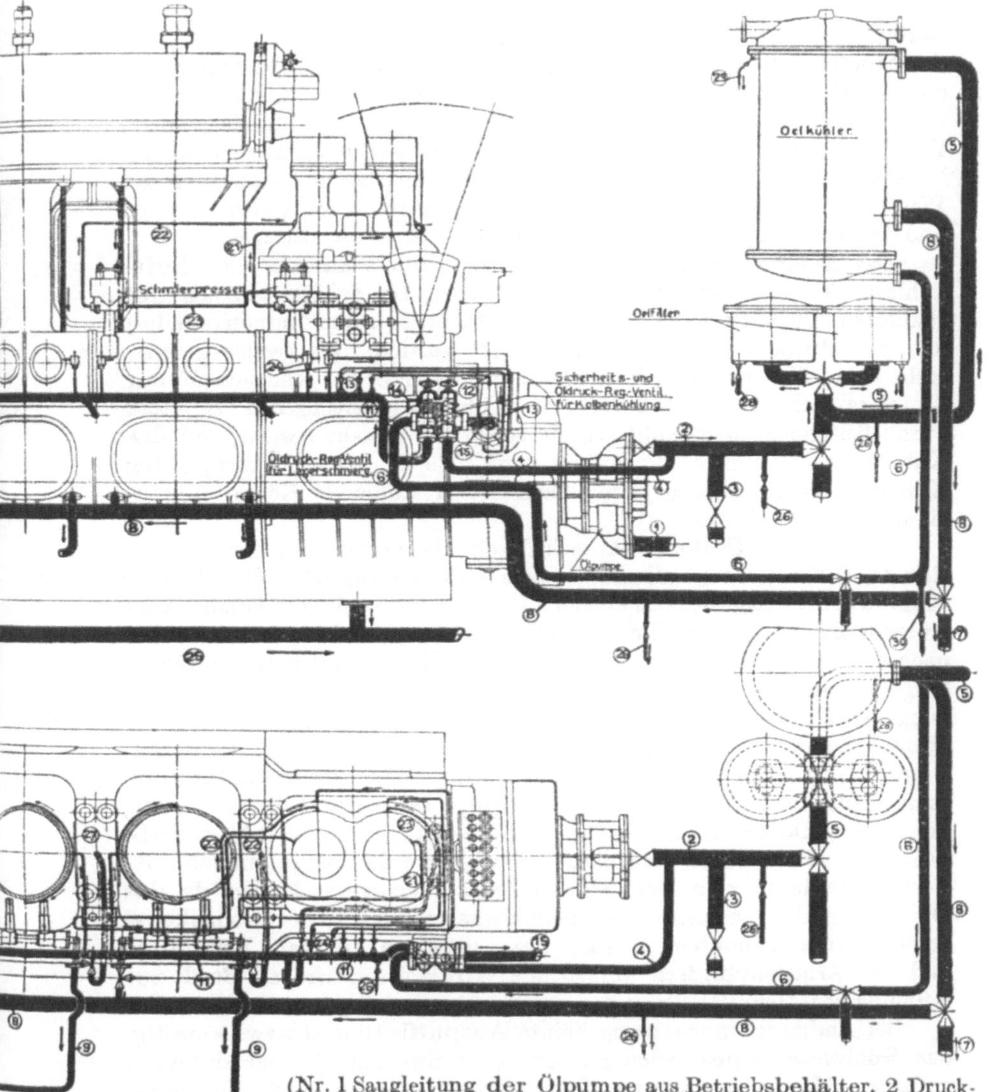

(Nr. 1 Saugleitung der Ölpumpe aus Betriebsbehälter, 2 Druckleitung der Ölpumpe zum Filter, 3 Druckleitung der Reservepumpe zum Filter, 4 zum Sicherheitsventil, 5 vom Ölfilter zum Ölkühler, 6 vom Ölkühler zur Lagerschmierung, 7 Verbindungsleitung von St. B.- nach B. B.-Maschine, 8 vom Ölkühler zu den Kolben, 9 von den Kolben zum Trichter, 10 zum Betriebsbehälter, 11 vom Öldruckregelungs-Ventil zu den Kurbellagen, Kurbeln und Kolbenzapfen, 12 zu den Schraubenrädern, 13 zu den Brennstoffpumpenrädern, 14 Ablauf vom Öldruckregelventil, 15 Abflußleitung vom Sicherheitsventil, 16 Zuflußleitung zum Verteiler, 17 zum Schraubenradgehäuse, 18 zu den Hebelachsen, 19 zu den Steuerwellenlagern, 20 Abfluß von der Steuerwellenverschalung nach der Kurbelwanne, 21—23 von den Schmierpressen zu den Luftpumpenzylindern, 24 von der Zylinderhilfsschmierung zum Luftpumpenzylinder Stufe II, 25 Abfluß von der Kurbelwanne, 26 Manometerleitungen, 27 Hilfsschmierung für Arbeitszylinder, 28 Schlammabfluß vom Ölfilter, 29 Entlüftung des Ölkühlers, 30 Abflußleitung des Ölkühlers.)

werden. Zu diesem Zwecke ist in den Packungsraum des Plungers oder der Stopfbüchse ein Zwischenraum eingeschaltet, der nach außerhalb entwässert ist. Die kleinen durch die Packung tretenden Kühlwassermengen fließen nach außen ab und gelangen nicht in die Kurbelwanne. Die Kühlwasserpumpe soll mit einem Windkessel versehen sein. Nach Vorschriften der U-Bootsinspektion soll bei U-Boots-Dieselmaschinen die Wassergeschwindigkeit im Saug- und Pumpenraum nicht über 2 m/sec und in den Ringplattenventilen nicht über 4 m/sec betragen.

Das Kühlwasser muß dem Ölkühler, dem Verdichter, den Luftkühlern, den Arbeitszylindern, den Deckeln, bei Schiffsmaschinen der gekühlten Auspuffleitung, bei großen Maschinen den Auspuffventilen und den Auspuffventilkegeln zugeführt werden. Bei geschlossenem, nicht kontrollierbarem Kühlwasserabfluß — z. B. bei Schiffsmaschinen — ist es nicht empfehlenswert, die Kühlwasserleitungen in zu viele Parallelleitungen zu zersplittern, da sonst die Gefahr besteht, daß das Kühlwasser ungleichmäßig verteilt wird. Es ist deshalb üblich, jeden Kühlwasserparallelstrang durch mehrere zu kühlende Körper hintereinander durchzuleiten.

An Bord der U-Boote hat sich durch die Vermittlung der Inspektion des U-Bootswesens allmählich ziemlich einheitlich etwa die folgende Kühlwasserführung herausgebildet: Das gesamte aus der Pumpe austretende Kühlwasser wird durch den Ölkühler geschickt, nachdem eine nach der Kühlwassersaugeleitung geführte Überströmleitung zur Regelung des Druckes abgezweigt worden ist. Für den Ölkühler ist eine Umgehungsleitung vorgesehen, damit der Ölkühler bei Undichtheiten abgeschaltet werden kann. Hinter dem Ölkühler gabelt sich die Kühlwasserleitung. Ein Strang führt durch die verschiedenen Luftkühlerstufen zum Verdichter, je ein Strang führt zu jedem Arbeitszylinder, von da zum Deckel und dann zum Auslaßventil. Wenn sowohl Auslaßventilgehäuse als auch Auslaßkegel gekühlt werden, ist es empfehlenswert, beide durch zwei parallele Kühlwasserstränge zu kühlen, da das Durchleiten des gesamten Deckelkühlwassers durch den Ventilkegel Schwierigkeiten machen würde. Das gesamte aus dem Verdichter und den Arbeitszylindern abfließende Kühlwasser wird an Bord zur Kühlung der Auspuffleitung verwendet.

Bei Landmaschinen mit ungekühlter Auspuffleitung ist es zweckmäßig, das Kühlwasser eines jeden Stranges getrennt und sichtbar abfließen zu lassen. Man kann dann von Zeit zu Zeit die Menge und die Temperatur nachmessen und durch Unterhalten eines Gefäßes. auf dessen Boden das Abflußrohr mündet, feststellen, ob Luftblasen mit dem Kühlwasser mitgerissen werden. Luftblasen lassen auf eine Undichtigkeit eines unter Luftdruck stehenden Raumes schließen. Das abfließende Kühlwasser soll nicht vor dem Austritt ins Freie ein Abschlußorgan, das beim Stillsetzen der Maschine geschlossen wird, durchströmen dürfen. Wenn ein solches aus einem besonderen Grunde doch nötig ist, muß ein Sicherheitsventil auf die Kühlwasserdruckleitung gesetzt werden, da das Abschlußorgan erfahrungsgemäß beim Ansetzen der Maschine durch

Bedienungsfehler mitunter zu spät geöffnet wird. Ohne Sicherheitsventil kann ein solcher Bedienungsfehler schlimme Wirkungen zur Folge haben.

Früher sind mitunter die Grundlager am unteren Teil der Lagerschalen mit Wasser gekühlt worden. Mit dieser Anordnung ist die Gefahr verbunden, daß Kühlwasser bei Undichtigkeiten in die Kurbelwanne eintritt. Es ist deshalb zweckmäßig, die Grundlager nicht mit Wasser zu kühlen, sondern durch die Lager so viel Schmieröl durchzupumpen, daß die Reibungswärme in genügendem Maße von dem abfließenden Schmieröl abgeführt wird. Es ist bei Schiffsmaschinen empfehlenswert, eine Reserveschmierung und -kühlung vorzusehen, die bei einem Ausfall der an die Maschine angehängten Pumpen in Tätigkeit gesetzt werden. Die Reserveölpumpe wird bei Maschinen mit ölgekühlten Kolben sofort nach dem Stillsetzen der Dieselmaschine für kurze Zeit angestellt, um die Kolben, die in ihren dicken Böden große Wärmemengen aufgespeichert haben, nachzukühlen. Ohne Nachkühlung wird das in den Kolben zurückgebliebene stagnierende Kühlöl so stark erhitzt, daß sich Koksteilchen am Kolbenboden ablagern, die späterhin den Wärmedurchtritt durch den Kolbenboden erschweren.

Bei der Kühlung mit Seewasser ist zu beachten, daß die vom Kühlwasser umspülten Räume mit der Zeit stark angefressen werden. Die Beschädigungen treten vor allem an den Stellen auf, die im Betrieb am stärksten erwärmt werden; ferner unterstützt wirbelnde Bewegung des Kühlwassers, die bei Richtungsänderungen des Kühlwassers — also bei der Strömung um Ecken oder Kanten — auftritt, das Fortschreiten der Anfressungen. Besonders gefährdet sind ferner die Schweißstellen. Die Erscheinung ist auf elektrische Einwirkungen zurückzuführen. Durch vorbeugende Maßnahmen können die elektrischen Ströme an unschädliche Stellen gebannt werden. Als sehr wirkungsvoll in dieser Richtung hat sich das Anbringen von Zinkschutzplatten in den von Kühlwasser umspülten Leitungen erwiesen. Der Zinkschutz wird zweckmäßig an die zu schützenden Wandungen in etwa 20 mm starken Platten so angeschraubt, daß sie allseitig vom Kühlwasser umspült werden. Zwischen Zink und Wandung soll gute leitende Verbindung hergestellt sein.

Die Zinkschutzplatten zersetzen sich mit der Zeit; an ihrer Oberfläche setzt sich dabei ein schwammiger schlechtleitender Niederschlag ab, der die Wirkung mehr und mehr beeinträchtigt. Die Platten müssen deshalb von Zeit zu Zeit — etwa nach 300—1000 Betriebsstunden — losgenommen und durch Abklopfen mit dem Hammer von Ablagerungen befreit oder erneuert werden; zu diesem Zwecke müssen sie leicht losnehmbar und gut zugänglich angeordnet sein.

Es ist anzunehmen, daß das Cumberlandverfahren[1]), bei dem zum Schutze von Kondensatoren und Kesseln gegen Anfressungen elektrische Gegenströme in die vom Wasser berührten Teile geschickt werden, mit Erfolg auch bei Dieselmaschinen verwendet werden kann. Erfahrungen in dieser Richtung liegen noch nicht vor.

---

[1]) Siehe Z. d. V. d. I. 1917, S. 140.

Die nicht durch Zinkschutz usw. gegen Anfressungen geschützten Wandungsteile der Kühlwasserräume — z. B. die Kühlwasserräume der Arbeitszylinder — werden namentlich an den Stellen, die nicht dem Wärmedurchgang dienen, durch Anstreichen mit Lacken, Ölfarben, Teer oder ähnlichen Schutzmitteln vor der Einwirkung des Kühlwassers bewahrt. Kupferne und messingne Teile werden vielfach durch Verzinnen — Eintauchen in ein flüssiges Zinnbad — widerstandsfähiger gegen elektrische Einwirkungen gemacht. Schmiedeeiserne Teile, die ganz besonders stark angegriffen werden, werden ebenfalls verzinnt oder in Ermanglung eines Zinnbades verbleit.

11. Auspuffanlage.

Bei Schiffsmaschinen werden die Auspuffleitungen und der Auspufftopf gekühlt, da die heißen Rohre bei ungekühlter Ausführung die Bedienung der Maschine erschweren und den Maschinenraum zu stark erwärmen würden. Bei Landmaschinen von größeren Abmessungen werden ebenfalls die im Maschinenraume liegenden Auspuffleitungen gekühlt. Wenn die Auspuffleitung gekühlt ist, wird sie zweckmäßig tiefer gelegt als die Auslaßventile, damit das bei Undichtigkeiten in die Auspuffleitung übertretende Wasser unter keinen Umständen in die Arbeitszylinder gelangen kann. Die gekühlte Auspuffleitung wird aus Gußstücken oder aus geschweißten schmiedeeisernen oder kupfernen Teilen zusammengesetzt. Am meisten bewährt haben sich die kupfernen Leitungen, bei denen kleine Ungenauigkeiten an den Paßflächen — z. B. nach Auswechseln eines Zylinderdeckels — beim Festziehen der Schrauben besser nachgearbeitet werden können als bei schmiedeeisernen und namentlich gußeisernen Leitungen. Die kupfernen Leitungen haben überdies vor den schmiedeeisernen den Vorteil, daß die Kühlräume weniger stark durch das Seewasser angegriffen werden, was gerade bei den heißen Auspuffinnenrohren sehr wichtig ist.

Für die Bemessung der Weite der Auspuffsammelleitung kann folgende Überlegung angestellt werden. Es wird angenommen, daß die Temperatur der vom Arbeitszylinder angesaugten Frischluft etwa 300° absolut und die Temperatur der Abgase im Auspuffrohr etwa 600° absolut beträgt. Das sekundliche Volumen V_A der Abgase ist also doppelt so groß als das sekundliche Volumen V_L der angesaugten Frischluft. Für eine ausgeführte Maschine von der effektiven Leistung N_e und dem effektiven Druck $p_e = 5$ kg/qcm besteht aber folgende Beziehung:

$$N_e = 10\, p_e \cdot V_L \cdot \tfrac{1}{75} = \tfrac{50}{75} V_L \quad (N_e \text{ in PS}; \; p_e \text{ in kg/qcm}; \; V_L \text{ in l/sec})$$
$$V_L = 1{,}5\, N_e$$

und $V_A = 3\, N_e$.

Die mittlere Geschwindigkeit v_S in der Auspuffsammelleitung soll bei schnellaufenden Dieselmaschinen keinesfalls über 40 m/sec betragen, da sonst die vom Arbeitskolben während des Auspuffhubes geleistete Arbeit zu groß wird. In dem Anschlußstück, das vom Zylinderdeckel nach der Auspuffsammelleitung führt, soll die mittlere Geschwindig-

keit v_A während des Auspuffhubes des betreffenden Kolbens nicht über
50 bis 70 m/sec betragen. Die geringere Geschwindigkeit v_S in der
Sammelleitung — tatsächlich ist der Unterschied zwischen den zulässigen
Werten von v_A und v_S noch größer als angegeben,
da die Abgastemperatur an der Stelle v_A etwas
über 600° abs. und an der Stelle v_S infolge der
inzwischen erfolgten Abkühlung etwas unter 600°
abs. beträgt — ist durch den Umstand begrün-
det, daß bei engen, langen Sammelleitungen
leicht erhebliche Gasschwingungen auftreten, eine
Gefahr, die bei den kurzen Anschlußleitungen
gewöhnlich nicht besteht. Bei den für U-Boote
gebauten Dieselmaschinen ist man aus Platz-
mangel teilweise auf Werte für v_S von 50 m/sec
und für v_A von 100 m/sec bei höchster Belastung,
die allerdings immer nur kurze Zeit gefahren
wurde, gegangen.

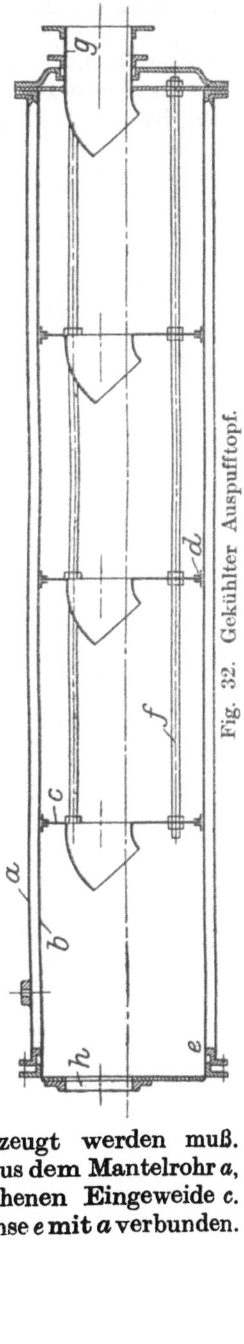

Die Auspuffleitungen der einzelnen Zylinder
sollen in die Sammelleitung nach Möglichkeit
hosenförmig eingeführt werden. Unter 90° ein-
mündende Leitungen machen hohen Gegendruck
für das Abströmen der Abgase erforderlich.

Der gekühlte Auspufftopf wird gewöhnlich
mit einer Schiebestopfbüchse versehen, die eine
Ausdehnung des im Betrieb erwärmten Innen-
topfes zum kalten Mantel zuläßt. Über die erforderliche Größe des Auspufftopfs werden die
verschiedensten Angaben gemacht. Wenn der
Inhalt des Auspufftopfs 3—5 l/PSe beträgt und
für mehrfache Ablenkung der durch den Topf
strömenden Abgase gesorgt ist, wird bei schnell-
laufenden Maschinen schon eine wesentliche
Dämpfung des Auspuffgeräusches erzielt. Auf
U-Booten begnügte man sich mit 1,5—2 l/PSe
Inhalt. Die Ablenkung des Abgasstroms erfolgt
gewöhnlich durch mit Durchtrittsöffnungen versehene Zwischenwände, durch die der Auspufftopf in Kammern abgeteilt ist. Die Öffnungen
sind gegeneinander versetzt, so daß die Bewe-
gungsenergie der in eine Kammer eintretenden
Abgase durch Wirbelungen vernichtet wird und
die Strömungsenergie in der Austrittsöffnung
jedesmal neu durch den Druckunterschied
zwischen dieser und der folgenden Kammer erzeugt werden muß.

Der in Fig. 32 dargestellte Auspufftopf besteht aus dem Mantelrohr a,
dem Innenrohr b und dem mit Prallflächen versehenen Eingeweide c.
b ist auf der linken Seite durch eine Schiebestopfbüchse e mit a verbunden.

Fig. 32. Gekühlter Auspufftopf.

Die Prallbleche sind durch 4 Distanzbolzen f untereinander verbunden. c ist am rechten Ende mit dem Auspufftopfdeckel verschraubt und liegt sonst frei beweglich in b. Die Auspuffgase treten bei g in die erste Kammer des Auspufftopfes ein und verlassen ihn bei h.

Sehr nützlich ist es, wenn im Maschinenraum am Auspuffrohr ein Probierröhrchen, das durch einen Hahn abgestellt wird, angebracht ist. Der Maschinist kann dann von Zeit zu Zeit den Auspuff auf Sichtbarkeit und Ruß kontrollieren.

II. Einige Sonderheiten.

1. Zweitakt- oder Viertaktmaschine?

Die Zweitaktmaschine braucht eine Spülpumpe, also eine verhältnismäßig umfangreiche und umständliche Hilfsmaschine. Da bei kleinen Maschinen der Hinzutritt einer besonderen Hilfsmaschine störender ins Gewicht fällt als bei großen Einheiten, werden im allgemeinen nur größere Maschinen nach dem Zweitaktverfahren betrieben.

Die Zweitaktbauart hat aber in bezug auf Einfachheit der einzelnen Bauteile nicht nur Nachteile, sondern auch wesentliche Vorteile vor der Viertaktmaschine. Der Auspuff, der bei jeder Umdrehung einmal erfolgt, kann durch Schlitze abgeleitet werden, die in der Zylinderwandung vorgesehen sind. Die Auspuffventile, die gerade bei größeren Viertaktmaschinen durch die Notwendigkeit der Kühlung besonders umständlich sind, fallen weg. Die Steuerung wird dadurch wesentlich vereinfacht. Bei vielen Zweitaktmaschinen wird nicht nur der Auspuff, sondern auch der Einlaß durch Schlitze, die den Auslaßschlitzen gegenüberliegen, gesteuert. Dann sitzen im Zylinderdeckel nur noch zwei gesteuerte Ventile: Brennstoffventil und Anlaßventil. Diese Maschinen mit reiner Schlitzsteuerung lassen sich auf einfachste Weise umsteuerbar ausbilden, da von jedem Zylinder nur zwei Ventile umgesteuert zu werden brauchen. Ein weiterer Vorteil der Maschinen mit reiner Schlitzspülung ist der besonders einfache Zylinderdeckel, in dem nur wenige Durchbrechungen für die Ventile vorhanden sind.

Aber gerade durch die Spülung wird auch wieder die Grenze gesteckt für die Anwendbarkeit der Zweitaktmaschine. Bei der Viertaktmaschine steht ein voller Hub für das Austreiben der Abgase und ein voller Hub für den Eintritt der frischen Luft — im ganzen also 360° — zur Verfügung. Bei den Zweitaktmaschinen müssen beide Vorgänge innerhalb 90—130° Kurbelwellenumdrehung durchgeführt werden. Unter diesen Umständen ist es erklärlich, daß zum Laden der Viertaktmaschinen nur einige Hundertstel Atmosphären Druckunterschied zwischen Außenluft und Zylinderraum nötig sind, während der Spüldruck bei Zweitaktmaschinen mehrere Zehntel Atmosphären beträgt.

Die Schwierigkeit, den Auspuff- und Ladevorgang in der zur Verfügung stehenden Zeit zu bewältigen, wächst mit der Größe des Zylinderdurchmessers d und der Drehzahl n. Bei zwei verschieden großen Zweitaktmaschinen sind in der Zeiteinheit Luftgewichte durch die Schlitze zu blasen, die proportional $d^2 h n$ sind. Die freien Schlitzquerschnitte verhalten sich aber bei verschieden großen Maschinen wie $[d \cdot h]$, wenn bei beiden Maschinen verhältnisgleiche Teile des Gesamthubes h des Arbeitskolbens für die Spülung vorgesehen sind. Die Spüldrucke sind abhängig von dem Verhältnis $\dfrac{d^2\,h\,n}{d\,h} = d \cdot n$. Wenn $d \cdot n$ bei zwei sonst verschiedenen Maschinen das gleiche ist, dann sind bei prozentual gleichen Schlitzlängen gleiche Spüldrucke zu erwarten. Je größer das Produkt $d\,n = z$ — auch Spülungszahl genannt — ist, desto schwieriger ist die Spülung zu beherrschen[1]). Für die höchsten in Frage kommenden Werte von z von 120 000—150 000 mm $\cdot \dfrac{\text{Umdr.}}{\text{min}}$ betragen die erforderlichen Schlitzlängen 22—30 % des Gesamthubes. Das nutzbare Hubvolumen einer solchen Maschine ist, da die Verdichtung der nach dem Spülvorgang im Arbeitszylinder eingeschlossenen Frischluft erst nach Abschluß der Auslaßschlitze beginnt, nur 78—70 % des rechnungsmäßigen Hubvolumens.

Gerade bei schnellaufenden Dieselmaschinen bereitet die Bemessung der Auslaßschlitze und der Spülschlitze erhebliche Schwierigkeiten, da z wegen der hohen Umdrehungszahl immer einen großen Wert hat. Um nicht zu viel vom Gesamthub des Kolbens für Auslaß- und Spülvorgänge opfern zu müssen, hat man öfters Auslaß- und Einlaßschlitze so knapp bemessen, daß die Spülluft bei der höchsten Drehzahl nur mit erheblichem Überdruck (0,6—0,8 Atm.) durch den Arbeitszylinder gejagt werden konnte. In diesem Falle erfordert die Spülpumpe einen beträchtlichen Teil der indizierten Maschinenleistung. So war z. B. bei einer bestimmten Maschine, deren Auslaßschlitzlänge 18 % des Gesamthubvolumens ausmachten, ein Spüldruck von 0,7 Atm. und eine indizierte Spülpumpenarbeit von 12 % der indizierten Zylinderleistung erforderlich. Hätte man 24 % statt 18 % vom Hubvolumen für den Auslaß- und Spülvorgang geopfert, so hätte man allerdings ein nutzbares Hubvolumen von nur 76 % (statt 82 %) des Gesamthubes gehabt. In der Maschine hätte nach der Änderung entsprechend weniger Brennstoff verbrannt werden können als in der Maschine mit den kurzen Schlitzen. Der höchst erreichbare mittlere indizierte Druck wäre deshalb nach der Änderung nur $\frac{76}{82}$ mal so groß gewesen wie vorher. Der Spülpumpendruck wäre aber durch die Vergrößerung der Auslaß- und Einlaßquerschnitte von 0,7 auf 0,3 at., die Spülpumpenarbeit also von 12 % auf etwa 6 % herabgedrückt worden. Der effektive Wirkungsgrad, der bei der ausgeführten Maschine mit den zu kurzen Schlitzen 62 % betrug, wäre auf 68 % gesteigert worden, da der Minderarbeitsbedarf der Spülpumpe der Nutzleistung zu gute gekommen wäre. Die Maschine hätte also mit größeren Auslaß- und Einlaßquerschnitten bei einem Brennstoffverbrauch vom $\dfrac{76}{82} = 0{,}93$ fachen das $\dfrac{76 \cdot 68}{82 \cdot 62} = 1{,}02$-

---

[1]) Siehe auch O. Föppl, „Berechnung der Kanallängen von Zweitakt-Ölmaschinen mit Schlitzsteuerung", Z. d. V. d. I. 1913, S. 1939.

fache geleistet von den entsprechenden Werten der Maschine mit den zu kurzen Schlitzen.

Das Beispiel zeigt, daß die richtige Bemessung von Auslaß- und Einlaßquerschnitten eine Lebensfrage für die Zweitaktmaschine ist. Die genügend große Bemessung macht um so mehr Schwierigkeiten, je größer die Maschine und je größer die Drehzahl ist. Gar manche früher gebaute Zweitaktmaschine ist wegen zu geringen Auslaß- und Einlaßquerschnitten nicht lebensfähig gewesen. Bei richtig dimensionierten schnellaufenden Zweitaktmaschinen sollte der Spüldruck bei der Höchstdrehzahl nicht über 0,2 at. für Landmaschinen und nicht über 0,25—0,30 at. für Schiffsmaschinen betragen — Werte, die aber bei den zur Zeit im Betrieb befindlichen schnellaufenden Dieselmaschinen vielfach erheblich überschritten werden. Die vorausgehenden Überlegungen haben nicht nur für Zweitaktmaschinen mit r e i n e r Schlitzsteuerung, sondern auch für Maschinen mit Spülventilen Gültigkeit. Bei den letzteren kann man durch Vergrößern der Auspuffschlitze die Eröffnungsdauer der Spülventile entsprechend verlängern und auf diese Weise den Spülluftdruck herabsetzen.

Bei Viertaktmaschinen werden die Abgase beim Auspuffhub des Kolbens bis auf den im Totraum zurückbleibenden Rest — etwa 7% des Gesamtvolumens — aus dem Arbeitszylinder getrieben. Für die nächstfolgende Zündung steht deshalb ein verhältnismäßig sauerstoffreicher Zylinderinhalt zur Verfügung. Bei der Zweitaktmaschine ist die Beschickung des Arbeitszylinders mit Frischluft für den folgenden Arbeitsvorgang wesentlich unvollkommener. In den toten Ecken des Zylinderraums bleiben beim Durchspülen mit Frischluft immer erhebliche Mengen von Abgasen zurück, die die Ladeluft verunreinigen. Infolge der geringeren Qualität der Verdichtungsluft können deshalb in der Zweitaktmaschine bei jeder Betätigung des Brennstoffventils nur geringere Brennstoffmengen verbrannt werden als in einer Viertaktmaschine von gleichen Zylinderabmessungen. Da außerdem bei der Viertaktmaschine ziemlich der volle Kolbenhub, bei der Zweitaktmaschine aber nur der Hub nach Abschluß der Auspuffschlitze zur Verfügung steht, lassen sich im ersteren Falle größere mittlere Drucke erzielen als im letzteren Falle. Der effektive mittlere Druck p_e einer schnelllaufenden Viertaktmaschine bei Marinehöchstleistung beträgt etwa 5—6 kg/qcm ($p_i = 7{,}5 \sim 8{,}5$ kg/qcm) und der einer Zweitaktmaschine 3,5—4 kg/qcm ($p_i =$ etwa 6 kg/qcm), d. h. das Hubvolumen der Arbeitskolben ist so bemessen, daß zur Erzielung der vorgeschriebenen Marineleistung die angegebenen Drucke im Zylinder erreicht werden müssen. Wenn noch mehr Brennstoff eingespritzt wird, können noch etwas höhere indizierte Drucke erzielt werden. Die Maschine ist dann aber überlastet und rußt. Die Viertaktmaschine hat unter Berücksichtigung der obigen Angaben für p_e ein im Verhältnis 1:0,7 größeres Hubvolumen nötig als eine gleich starke schnellaufende Zweitaktmaschine. Trotz dieser erheblichen Unterschiede in den Zylinderabmessungen läßt sich die schnellaufende Zweitaktmaschine kaum mit geringerem Gewicht für die effektive Pferdestärke bauen als die Viertaktmaschine, da bei ersterer die Spülpumpen hinzukommen.

Der Verbrauch an Brennstoff für die effektive Pferdestärkestunde ist bei der Zweitaktmaschine etwas größer als bei der Viertaktmaschine. Eine schnellaufende Viertaktmaschine verbraucht bei richtiger Einstellung und voller Belastung 200—215 g/PSe-Std. gegen 215—225 g/PSe-Std. der schnellaufenden Zweitaktmaschine. Der Mehrverbrauch der Zweitaktmaschine ist eine Folge der zusätzlichen Arbeit der Spülpumpe, die nur zum Teil durch geringere Reibungsarbeit — auf jeden Arbeitshub dreht sich die Maschine nur halb so oft um — ausgeglichen wird. Auch der Schmierölverbrauch ist bei der Zweitaktmaschine größer, da in den Spülpumpen eine weitere Verbrauchsstelle vorhanden ist und durch die Spülluft Öl in die Arbeitszylinder geführt und dort verbrannt wird. Außerdem werden kleine Mengen Schmieröl bei jedem Eröffnen der Auspuffschlitze von den Abgasen durch die Schlitze mit fortgerissen. Der Schmierölverbrauch einer guten Zweitaktmaschine beträgt auf dem Probestand bei richtiger Einstellung und Wartung 8—10 g/PSe-Std., der einer guten Viertaktmaschine 5—6 g/PSe-Std. In der Praxis ist mit höheren Verbrauchszahlen zu rechnen. Namentlich im Schiffsbetrieb werden mitunter größere Schmierölmengen dadurch unbrauchbar, daß z. B. durch Undichtigkeit der Ölkühler Seewasser ins Öl gelangt.

Wegen der größeren Wärmeentwicklung im Zylinder der Zweitaktmaschine — bei gleicher Drehzahl erfolgen doppelt so viele Zündungen wie bei der Viertaktmaschine — muß auf die Konstruktion der Zylinderdeckel besonders große Sorgfalt verwendet werden. Die Deckel der Zweitaktmaschine werden deshalb vielfach nicht aus Gußeisen, sondern aus Stahlguß oder noch besser Schmiedeisen hergestellt. Durch geeignete Wasserführung muß dafür gesorgt sein, daß die Wärme vom Deckelboden gut abgeführt wird. Hoch beansprucht ist ferner der Kolbenboden der Zweitaktmaschine, der ebenfalls zweckmäßig aus Schmiedeisen hergestellt und auf das gußeiserne Führungsstück aufgeschraubt wird. Wenn irgend möglich sollte der Kolbenboden mit Öl gekühlt werden; bei Wasserkühlung besteht gerade bei schnellaufenden, kreuzkopflosen Maschinen mit geschlossener Kurbelwanne die Gefahr, daß Kühlwasser durch Undichtigkeiten in die Kurbelwanne gelangt und sich mit dem darin befindlichen Schmieröl vermischt, und daß die Abdichtungen der Posaunen leichter Betriebsstörungen zur Folge haben können, als die Gelenkzuführung der ölgekühlten Kolben. Auch der Kühlung des Kolbenbodens mit Öl stehen bei Zweitaktmaschinen Schwierigkeiten entgegen, die um so größer sind, je größere Zylinderabmessungen und Drehzahlen in Frage kommen. Da das zur Kühlung verwendete Schmieröl geringe Wärmeleitfähigkeit hat, wird oft gerade bei Zweitaktmaschinen nicht genügend Wärme vom Kolbenboden durch das Kühlöl abgeführt. Die der Bodenwandung entlang streichende Ölschicht verkokt dann und setzt sich als harte Kruste an der Wandung ab. Der Wärmedurchgang durch die Wandung wird dadurch ver-schlechtert; die Kolbenböden werden nicht mehr genügend gekühlt und bekommen Sprünge. Zur Vermeidung dieses Nachteiles soll das Kühlöl bei Zweitaktmaschinen mit hoher Geschwindigkeit und unter häufiger Richtungsänderung über den Kolbenboden (ähnlich wie bei der Körting-Viertaktmaschine, Tafel III) geleitet werden. Bei größeren Maschinenleistungen (über 150 PSe/Zyl.) muß man bei schnellaufenden Zweitaktmaschinen auf die Ölkühlung verzichten und zur Wasserkühlung der Kolben übergehen. Das ist ein sehr folgenschwerer Schritt, der unter Umständen die Betriebsicherheit der ganzen Maschine in Fragestellen kann.

Eine besonders große Schwierigkeit, die beim Bau von Zweitaktmaschinen mit eingesetzter Zylinderbüchse zu überwinden ist, bereitet die Abdichtung des Zylinderkühlwasserraumes gegen die Innenräume. Bei der Viertaktmaschine wird der Spalt zwischen Zylinderbüchse und Zylinderwandung durch eine Stopfbüchse (Fig. 6) abgedichtet, die im Bedarfsfalle nachgezogen werden kann. Wenn die Stopfbüchse von Zeit zu Zeit nachgesehen und unter Umständen nachgezogen oder neu verpackt wird, ist es ausgeschlossen, daß Kühlwasser in die Kurbelwanne übertritt. Bei der Zweitaktmaschine liegen die Verhältnisse wesentlich ungünstiger, da der Kühlwasserraum in der Mitte durch die Auslaß- und bei einigen Maschinen auch durch die Einlaßschlitze durchbrochen wird[1]). Der Raum unterhalb und oberhalb der Schlitze ist mit Kühlwasser angefüllt. Zwischen Zylindermantel und der eingesetzten Büchse ist in den Schlitzen eine Fuge, durch die bei ungenügender Verpackung Kühlwasser in den Abgasraum eintreten kann. Es besteht deshalb immer die Gefahr, daß Kühlwasser entweder von oben oder von unten in die Auspuffschlitze eintritt. Diese Gefahr war im Kriege besonders groß, da es an gutem Gummi für Abdichtungszwecke fehlte. Aber selbst wenn genügend guter Gummi wieder vorhanden ist, ist der Abdichtung des Zylinderkühlwasserraumes bei Zweitaktmaschinen erhöhte Aufmerksamkeit zuzuwenden. Am sichersten würden natürlich nachziehbare Stopfbüchsen wirken, die sich aber kaum an dieser Stelle anbringen lassen.

In bezug auf die Instandhaltungsarbeiten hat die Zweitaktmaschine, sofern sie nicht mit einem der im Vorausgehenden aufgeführten Gebrechen schwerwiegender Art behaftet ist, manche Vorzüge vor der Viertaktmaschine voraus. Eine große Arbeitsersparnis wird vor allem durch den Fortfall der Auspuffventile erzielt, die bei Viertaktmaschinen wegen der ungünstigen Lage im heißen Abgasstrom mitunter Betriebsstörungen erleiden und oft nachgeschliffen werden müssen. Ferner brauchen die Lager — vor allem Kurbel -und Kolbenbolzenlager — bei der Zweitaktmaschine weniger häufig nachgepaßt zu werden, da der Arbeitskolben im Gegensatz zur Viertaktmaschine während der ganzen Umdrehung durch den Druck im Zylinder belastet ist, so daß bei Lagerlose kein Klopfen des Kolbens eintritt. Die Lagerlose muß erst dann beseitigt werden, wenn aus dem Lager zuviel Schmieröl entweicht und der erforderliche Schmieröldruck nicht mehr gehalten werden kann.

---

[1]) Bei Maschinen mit aus einem Gußstück bestehendem Arbeitszylinder — eine Anordnung, die bei langsamlaufenden Zweitaktmaschinen gewöhnlich bevorzugt wird — tritt dieser Nachteil nicht in die Erscheinung.

Die Zweitaktmaschine hat ferner vor der Viertaktmaschine den Vorzug des gleichmäßigeren Drehmomentes voraus. Sie kann überdies schon mit 4 Zylindern sicher angelassen werden, während die Viertaktmaschine mindestens 6 Zylinder zum Anlassen aus jeder Stellung heraus nötig hat.

Die vorstehenden Ausführungen kann man dahin zusammenfassen, daß beim Bau von Zweitaktmaschinen größere Schwierigkeiten zu überwinden sind als bei Viertaktmaschinen. Wenn die Schwierigkeiten glücklich gelöst sind, hat die Zweitaktmaschine manchen Vorzug vor der Viertaktmaschine voraus. Wenn das Produkt aus Drehzahl und Zylinderdurchmesser große Werte annimmt, stellt sich dem Bau der Zweitaktmaschine eine besondere Schwierigkeit entgegen: die freien Durchtrittsquerschnitte für Einlaßluft und Auspuffgase erfordern einen erheblichen Prozentsatz des Kolbenhubes. Die Zweitaktmaschine kann deshalb mit der langsam laufenden Viertaktmaschine leichter in Wettbewerb treten als mit der schnellaufenden[1]). Wenn die kreuzkopflosen Maschinen so groß sind, daß man bei Viertaktmaschinen noch mit ölgekühlten Kolben auskommt, für die Zweitaktmaschine aber schon Wasserkühlung vorsehen muß, ist der Viertaktmaschine unbedingt der Vorzug vor der Zweitaktmaschine zu geben.

2. Angehängte oder selbständige Hilfsmaschinen?

Die für den Betrieb einer Dieselmaschine nötigen Hilfsmaschinen verbrauchen einen wesentlichen Teil der indizierten Diagrammarbeit. Da oft ein beschränkter Hauptmaschinenraum — namentlich auf Schiffen — zur Verfügung steht, in dem eine möglichst große Dieselmaschine untergebracht werden soll, liegt das Bestreben nahe, die Leistung der Hauptmaschine durch Absonderung der Hilfsmaschinen zu erhöhen und diese in verfügbaren Ecken oder Nebenräumen unterzubringen. Dies Bestreben wird noch durch den Umstand erhöht, daß die Betriebssicherheit von großen Einheiten zunimmt, wenn die Arbeitszylinderabmessungen durch Abspaltung der Hilfsmaschinen verringert

---

[1]) In letzter Zeit haben die im Ölmotor 1919, Heft 2, abgedruckten Ausführungen von Giovanni Chiesa über die Frage „Zweitakt oder Viertakt" große Beachtung gefunden. Chiesa kommt zu dem Ergebnis, daß der Zweitakt nach jeder Richtung dem Viertakt überlegen ist. Dem Verfasser, der Leiter der Zweitakt-Dieselmaschinen bauenden italienischen Ansaldo-San-Giorgio-Werke ist, liegen wohl die Zweitaktmaschinen näher, so daß er ihre Vorzüge besser kennt als die der Viertaktmaschinen. Wenn er die Fahrt eines kleinen russischen U-Bootes von Spezia nach Archangelsk aber als besonders glänzende Tat eines Schiffes mit Zweitakt-Dieselmaschinen hinstellt, so wird er damit in Deutschland keinen großen Eindruck machen. Ähnlich ausgedehnte Fahrten haben deutsche U-Boote mit Dieselmaschinen aller möglichen Baufirmen unternommen. Die Tat wird in den Schatten gestellt durch die Leistungen von U-Deutschland, das mit seinen 2 Stück 450 PSe-Germania-Viertaktmaschinen als erstes U-Boot den Ozean durchkreuzt hat oder von U 53 mit 2 Stück 1200 PSe-M.-A.-N.-Viertaktmaschinen, das ohne Rast nach Amerika und zurück gefahren ist.

Mag der Zweitakt auch als langsamlaufende Schiffsmaschine mehr Vorteile als Nachteile gegenüber dem Viertakt haben, als Schnelläufer wird er den Viertakt in der nächsten Zeit sicher nicht verdrängen können.

werden können. Es ist deshalb nicht unwahrscheinlich, daß man, sobald man einmal sehr große Einheiten von 5000—10 000 PS betriebsicher bauen kann, die Hilfsmaschinen von der Hauptmaschine trennen wird. Für so große Maschinenanlagen ist ohnehin reichliche Bedienung erforderlich, so daß die rasche Inbetriebnahme der Hilfsmaschinen gleichzeitig mit dem Ansetzen der Hauptmaschinen keine Schwierigkeiten bereiten wird.

In der gegenwärtigen Zeit aber, in der die größten betriebsicheren Dieselmaschinen 2000 bis höchstens 3000 PS zu leisten vermögen, muß die Frage der Abspaltung der Hilfsmaschinen von anderen Gesichtspunkten aus betrachtet werden. Jede abgespaltene Hilfsmaschine muß besonders in Gang gesetzt, beaufsichtigt und der Gangart der Hauptmaschine angepaßt werden. Im Gegensatz dazu erfordert die Bedienung einiger angekuppelten Hilfsmaschinen keine Aufmerksamkeit, und zwar trifft das für alle Hilfsmaschinen zu, die sich ganz von selbst in ihrer Förderung dem der jeweiligen Umdrehungszahl entsprechenden Bedarf anpassen (vor allem Kühlwasserpumpe und Spülpumpe). Für die einzelnen Hilfsmaschinen sind die folgenden Überlegungen maßgebend:

Die Abspaltung der Kühlwasser- und Schmierölpumpe kommt am wenigsten in Frage, da beide Pumpen nur geringe Leistung verbrauchen. Überdies fördern die angehängten Pumpen der Umdrehungszahl verhältnisgleiche Mengen, was dem jeweiligen Bedarf entspricht. Bei sehr kleinen Drehzahlen könnte es allerdings vorkommen, daß die Ölpumpe nicht genügend hohen Druck hält, so daß das Öl aus den Schubstangenlagern abfließt, ohne bis zum Kolbenzapfen aufzusteigen. Die Ölpumpe muß deshalb zu groß für hohe Umdrehungszahlen bemessen sein. Das überschüssige Öl wird bei hohen Drehzahlen durch ein Regulierventil abgelassen und die Fördermenge der Pumpe wird nur bei niedrigen Drehzahlen voll ausgenützt. Wenn die Kühlpumpen von der Hauptmaschine getrennt werden, wird der Zylinder bei zurückgehender Leistung der Hauptmaschine zu kalt, was namentlich beim Manövrieren störend empfunden wird. Wenn aus irgend einem Grunde die Trennung der Kühlpumpe von der Hauptmaschine nötig ist, empfiehlt es sich deshalb, die Regelung der Drehzahl der Pumpe mit der Regelung der Brennstoffpumpe starr zu verbinden.

Wegen des geringen Platzbedarfs der Kühlwasser- und Schmierölpumpe ist es zweckmäßig, außer den angehängten Pumpen noch Reserveöl und -Kühlwasserpumpen vorzusehen, die in Gang gesetzt werden, wenn die angehängten Pumpen eine Störung im Betrieb erleiden. Mit Rücksicht auf den geringen Platz- und Arbeitsbedarf sollten Schmieröl- und Kühlwasserreservepumpen bei keiner Schiffsölmaschine von über 400 PS fehlen.

Die Frage, ob man den Verdichter und die Spülpumpe von Zweitaktmaschinen von der Hauptmaschine trennen soll, ist schon oft eingehenden Erwägungen unterzogen worden. Der Verdichter erfordert 8—10%, die Spülpumpe bei rasch laufenden Maschinen oft gar 10—15%

der indizierten Leistung. Durch Abtrennung beider Hilfsmaschinen
wird der effektive Wirkungsgrad einer Zweitaktmaschine von 60—65
auf 75—85%, die effektive Leistung also um ein Drittel erhöht; dafür
muß an anderer Stelle eine Hilfsmaschine aufgestellt werden. Beide
Pumpen erfordern überdies viel Platz; sie machen, wenn sie an die
Hauptmaschine angehängt sind, weitere Kurbelkröpfungen an der
ohnehin schon viel gekröpften Kurbelwelle nötig; um Platz in der Länge
zu sparen, wird oft der angehängte Verdichter seitlich neben die Maschine
gesetzt und durch einen Balancier angetrieben. Diese Anordnung gibt
erst recht keine glückliche Lösung, da der Antrieb des Verdichters große
Kräfte verzehrt. Die Balancierübertragung verbraucht deshalb viel
Reibungsarbeit.

Für den getrennten Antrieb des Verdichters bei Schiffsdieselmaschinen tritt namentlich Professor Meyer-Delft[1]) ein. Den Hauptgrund, den
er für die Trennung anführt — daß die Luftleistung des angehängten
Verdichters mit Änderung der Drehzahl stark reguliert werden müsse
— trifft aber für die modernen schnellaufenden Dieselmaschinen nicht
mehr zu. Der Verdichter fördert eine der Umdrehungszahl der Maschine
proportionale Luftmenge und die neuere Maschine, deren Brennstoff-
nadelbewegung mit der Drehzahl geregelt wird, braucht — im Gegensatz
zu der von Meyer angenommenen Maschine — bei verschiedenen Drehzahlen für jeden Hub (und nicht für die Zeiteinheit) etwa gleiche Luftmengen. Überdies wirkt die Drosselung, die durch die Drosselklappe
in der Saugleitung der Luftpumpe erzielt wird, bei hoher Drehzahl infolge der hohen Eintrittsgeschwindigkeit der Luft stärker als bei niedriger
Drehzahl, so daß gegebenenfalls ein evtl. geringer Mehrverbrauch an
Luft/Hub bei niedrigen Drehzahlen hierdurch ausgeglichen wird. Der
angehängte Verdichter erfordert deshalb fast keine Bedienungsauf-
merksamkeit bei Änderung der Hauptmaschinendrehzahl, während
der selbständige Verdichter bei Drehzahländerung der Hauptmaschine
sofort nachreguliert werden muß. Bei Abwägung der Vor- und Nachteile kommt man zu dem Schluß, daß es sich selbst bei den größten der
bisher gebauten Dieselmaschinen noch nicht empfiehlt, den Verdichter
von der Hauptmaschine zu trennen. Die Überlegung wird aber vielleicht
zu einem anderen Ergebnis führen, sobald größere Einheiten als die
bisher gebauten in Frage kommen.

Die Spülpumpe der Zweitaktmaschine ist noch weniger für die
Trennung geeignet als der Verdichter, da die Spülluft bei allen Drehzahlen
sehr genau das 1,25—1,40fache des nutzbaren Arbeitszylinderhubvolu-
mens sein muß. Durch Vergrößern der Spülluftmenge über diesen Betrag
hinaus, wird sofort die Spülpumpenarbeit wesentlich erhöht und durch
Verringern unter den angegebenen Betrag wird die Spülung verschlech-
tert, so daß erhebliche Mengen von Rückständen im Arbeitszylinder
für den nachfolgenden Arbeitsvorgang zurückbleiben. Die angehängte
Spülpumpe wird den Erfordernissen gerecht, da sie unabhängig von
der Drehzahl auf jeden Arbeitszylinderhub die gleiche Luftmenge

---

[1]) Z. d. V. d. I. 1913, S.1269.

fördert. Die getrennte Spülpumpe dagegen könnte nur sehr schwer den beim Manövrieren an sie zu stellenden Anforderungen angepaßt werden.

Eine Reserve-Spülpumpe kommt selbst für die größten Anlagen kaum in Frage, da sie sehr umfangreiche Vorkehrungen nötig machen würde. Wenn die Spülpumpe versagt, fällt ein so großer Teil der Maschine aus, daß es berechtigt ist, die ganze Maschine daraufhin abzustellen. Dagegen muß namentlich bei Schiffsmaschinen ein Reserveverdichter vorgesehen werden, mit dem die Anlaßflaschen nach Verbrauch der Anlaßluft im Notfall aufgepumpt werden können.

3. Sicherheitsvorkehrungen gegen besonders scharfe Explosionen.

Scharfe Explosionen beeinträchtigen die Lebensdauer einer Dieselmaschine. Sie müssen deshalb nach Möglichkeit vermieden werden. Eine Reihe von Vorkehrungen an den modernen Dieselmaschinen dient dazu, das Auftreten von Fehlzündungen auszuschließen; andere dienen dazu, die scharfen Drücke, die bei Fehlzündungen auftreten, unschädlich zu machen. Für den letzteren Zweck sind die Sicherheitsventile auf den Arbeitszylindern bestimmt, die beim Auftreten von höheren Drücken als 50—60 at. abblasen. Im Betrieb treten übermäßig hohe Drucke in den Arbeitszylindern höchst selten und nur unter besonderen Umständen ein. Wenn z. B. eine Brennstoffnadel zu stramm verpackt ist und deshalb in geöffnetem Zustande in der Packung hängen bleibt oder wenn ein Teil an der Steuerung bricht, so daß ein Brennstoffventil während der ganzen Umdrehung offen stehen bleibt, so gelangt der Brennstoff zu früh in den Zylinder und verbrennt schon vor oder im oberen Kolbentotpunkt unter starker Drucksteigerung. Durch das Sicherheitsventil auf dem Zylinder entweicht dann ein Teil der hoch gespannten Abgase unter schußähnlichem Knallen. Noch wichtiger als das Vermeiden von starken Drucksteigerungen im Betrieb ist das Verhüten von Fehlzündungen während der Anlaßzeit. Die scharfen Zündungen, die während des Anlassens mit Druckluft mitunter auftreten, sind besonders gefährlich, wenn sie darauf zurückzuführen sind, daß ein Teil der Anlaßluft durch nicht richtiges Arbeiten eines Anlaßventils oder durch Hängenbleiben eines Anlaßventils in geöffneter Stellung im Arbeitszylinder zurückgeblieben ist. Wenn in diese Übermenge an Verbrennungsluft, die ohne Brennstoff schon auf 50—60 at. komprimiert wird, Brennstoff eingespritzt wird, so können derartig große Drucksteigerungen entstehen, daß die überschüssigen Gase nicht rasch genug durch das Sicherheitsventil entweichen können und einen Maschinenteil zu Schaden bringen. Es wird dann entweder der Zylinderdeckel abgerissen oder — ein Fall, der an Bord eines U-Boots vorgekommen ist — die Kolbenstange wird durchgeknickt und der Kolben fliegt mit großer Macht aus der Zylinderbüchse in die Kurbelwanne und richtet arge Verwüstungen in der Umgebung an.

Zwischenfälle der angegebenen Art, die beim Anlassen der alten Schiffsdieselmaschinen mitunter vorkommen, können nur durch vorbeugende Maßnahmen verhindert werden, wie sie bei den neueren

Dieselmaschinen allgemein vorgesehen werden. Solche vorbeugende Maßnahmen sind:

a) **Drosselung der Anlaßluft.** Hinter der Anlaßflasche wird die hochgespannte Luft, bevor sie in die eigentliche Anlaßleitung der Maschine eintritt, durch ein zwischengeschaltetes Druckminderventil auf 12—20 at. abgedrosselt. Die Anlaßleitung muß ohnehin so stark bemessen sein, daß die Maschine noch anspringt, wenn der Druck in der Anlaßflasche auf etwa 20 at. herabgesunken ist. Es liegt deshalb nahe, einen höheren Druck in der Anlaßleitung, der die Gefahr einer übermäßigen Luftansammlung in einem Arbeitszylinder in sich birgt, durch Einschalten des Druckminderventils auszuschließen. Bei Versagen des Druckminderventils tritt ein auf die Anlaßleitung gesetztes Sicherheitsventil in Tätigkeit.

b) **Die Anlaßleitung wird nur während des Anlassens unter Druck gesetzt, beim Umschalten auf Betrieb aber entlüftet.** Durch irgendeinen unglücklichen Zufall — z. B. Bruch eines Steuerungsteiles — kann es vorkommen, daß das Anlaßventil während des Betriebes plötzlich aufgedrückt wird. Wäre die Anlaßleitung unter Druck, könnte der Arbeitszylinder in einem solchen Fall bei der Einsaugeperiode mit vorgespannter Luft angefüllt werden, die bei der nachfolgenden Verbrennung heftige Drucksteigerungen bewirken würde. Solche Fälle werden durch Entlüftung der Anlaßluftleitung ausgeschlossen.

c) **Niedriger Einblasedruck während der Anlaßzeit.** Bei der ersten Brennstoffventileröffnung nach dem Anlassen kann unter Umständen eine übergroße Brennstoffmenge im Brennstoffventil vorgelagert sein. Damit dieser Brennstoff nicht zu plötzlich in den Zylinder übertritt und dort explosionsartig verbrennt, wird während des Anlassens ein niedriger Einblasedruck (40—45 at.) eingestellt. Die Einblaseluft treibt dann den Brennstoff infolge des verhältnismäßig geringen Druckunterschiedes zwischen Brennstoffventil und Kompressionsraum langsam in den Zylinder ein. Der niedrige Einblasedruck während des Anlassens ist auch schon deshalb nötig, weil die Maschine während des Anlaßvorgangs langsam umläuft, das Brennstoffventil also verhältnismäßig lange Zeit geöffnet wird. Aus dem gleichen Grunde wird bei manchen Maschinen der Brennstoffnadelhub während des Anlassens vermindert (siehe Nadelhubregelung).

d) **Ausschalten der Brennstoffpumpe während des Anlassens.** Um zu verhüten, daß während des Anlassens mit Preßluft — während dieser Zeit bleibt ja die Brennstoffnadel geschlossen — zuviel Brennstoff in das Brennstoffventil eingepumpt wird, ist die Steuerung der Brennstoffpumpe mit der Anlaßsteuerung gekuppelt. Solange der Anlaßhebel auf „Anlassen" liegt, sind die Saugventile der Brennstoffpumpe angehoben, die Pumpe fördert nicht. Mit dem Legen des Anlaßhebels auf Betrieb wird die Förderung der Pumpe freigegeben.

e) **Entlüften der Arbeitszylinder während des Umsteuerns.** Besonders groß ist die Gefahr des Ansammelns übermäßiger

Luftmengen im Arbeitszylinder während des Umsteuerns. Die Maschine, die z. B. nach „Voraus" läuft, wird nach Umlegen der Steuerung durch die für den Rückwärtsgang gesteuerte Anlaßluft gebremst und nach Stillstand rasch auf Rückwärtsgang beschleunigt. Da die Maschine warm ist, kann die Steuerung mitunter nach weniger als zwei Umdrehungen nach dem Stillstand von „Anlassen Rückwärts" auf „Betrieb Rückwärts" umgelegt werden, ohne daß Aussetzen der Zündung zu befürchten ist. Es ist die Möglichkeit vorhanden, daß noch in einem Zylinder Bremsluft vom Ende des Vorwärtsgangs her vorhanden ist. Die Gefahr ist doppelt groß bei Maschinen, deren Zylinder in zwei Gruppen von „Anlassen" auf „Betrieb" umgeschaltet werden, da bei diesen Maschinen die erste Gruppe schon sehr kurz nach dem Anspringen der Maschine nach „Rückwärts" auf Betrieb geschaltet wird. Um die großen Drucksteigerungen infolge der Luftansammlung zu vermeiden, werden vielfach sämtliche Arbeitszylinder während des Umsteuerns entlüftet. Diese Maßnahme ist auch aus dem Grunde nötig, weil Einlaß- und Auslaßventile während des Umsteuervorganges nicht arbeiten. Die Luftmengen, die unter Umständen durch ein undichtes Anlaß- oder Brennstoffventil in den Zylinder übertreten, können also nicht entweichen und haben hohe Spannungen am Ende des Verdichtungshubes zur Folge. Zweitaktmaschinen brauchen während des Umsteuerns nicht entlüftet zu werden, da die Auspuffschlitze im Zylinder unabhängig von der Stellung der Steuerung stets in der äußersten Totlage des Kolbens geöffnet werden.

Im Zusammenhang mit den vorstehend genannten Sicherheitsvorkehrungen zum Schutze der Arbeitszylinder sollen folgende Sicherheitsvorkehrungen an anderen Stellen angeführt werden:

f) Sicherheitsventile hinter jeder Verdichterstufe. Durch Bruch eines Ventils oder durch ähnliche Ursachen kann es vorkommen, daß der gesamte Druck der nachfolgenden Verdichterstufe auf die vorausgehende zu wirken kommt. Infolge einer solchen Unregelmäßigkeit treten leicht Beschädigungen am Aufnehmer der niederen Verdichterstufe ein, der nicht für den hohen Druck bemessen ist. Da mit dem zeitweisen Versagen eines Verdichterventils auch bei den besten Maschinen gerechnet werden muß, soll hinter jeder Verdichterstufe ein Sicherheitsventil angebracht sein, das die überschüssige Luft bei unzulässig hohen Drucksteigerungen entweichen läßt.

g) Sicherheitsventile in den Wasserräumen der Luftkühler. Sie dienen dazu, um Drucksteigerungen, die durch Bruch eines Rohres im Kühler entstehen können, unschädlich zu machen. Statt dieser Sicherheitsventile werden auch oft Bruchplatten verwendet.

h) Sicherheitsventile in den Schmieröl- und Kühlwasserdruckleitungen.

i) Bruchplatten in der Einblaseluftleitung. Bei Dieselmaschinen, die nicht mit verkleinertem Hube der Brennstoffnadel angelassen werden, ist es mitunter vorgekommen, daß der Druck im Arbeitszylinder bei der ersten scharfen Zündung höher stieg als der Druck im Brennstoffventil. Infolgedessen schlugen die heißen Gase in das Brennstoffventil zurück und brachten dort das vorgelagerte Brennstoffluftgemisch zur Entzündung; der Druck in der Einblaseluftleitung stieg örtlich auf ungewöhnlich hohe Werte und zerstörte den Zerstäuber und die Einblaseluftleitung. Um eine Übertragung dieser Einblaseluftleitungsexplosionen vom einen zum anderen Brennstoffventil unmöglich zu machen, hat man verschiedentlich Rückschlagventile in die Einblaseluftleitung eingebaut, die die Strömung der Einblaseluft nur in der Richtung nach dem Brennstoffventil, nicht aber in umgekehrter Richtung zuließen. Die Anordnung hat keine weitere Verbreitung gefunden, da die Drucksteigerung durch die Rückschlagventile nicht nur örtlich gebannt, sondern zugleich auch an dieser Stelle aufs äußerste gesteigert wird. Empfehlenswerter ist es, Maschinen, die zu Explosionen in der Einblaseleitung neigen, durch Sicherheitsventile — oder noch besser durch die schon von Diesel empfohlenen Bruchplatten —, die in die Einblaseluftleitung in geeigneter Weise eingebaut werden, zu schützen.

Die Rückschlagventile beim Brennstoffventil in der Brennstoffleitung dienen nicht zur Sicherung gegen Explosionen, sondern zum Zurückhalten der Einblaseluft beim Öffnen des Probierventils in der Brennstoffleitung.

4. Nadelhubregelung.

Zur Zerstäubung des Brennstoffs vor dem Einspritzen in den Zylinder werden bei den verschiedenen Belastungen und Drehzahlen verschieden große Einblaseluftmengen benötigt. Die Einblaseluftmenge wird einerseits durch den Einblasedruck geregelt. Je höher der Einblasedruck ist, desto mehr Luft wird bei jeder Eröffnung der Brennstoffnadel in den Arbeitszylinder eingepreßt. Bei gleicher Drehzahl mag z. B. der Einblasedruck zwischen 45 at. (Leerlauf) und 65 at. (Vollast) schwanken. Im ersteren Fall steht für die Einspritzung ein Druckgefälle von 45 auf 32 at. — Verbrennungsdruck zu 32 at. angenommen — und im letzteren Fall ein Gefälle von 65 auf 35 at. — Verbrennungsdruck 35 at. — zur Verfügung. Bei Vollast wird deshalb, gleiche Ventileröffnung und gleiche Drehzahl in beiden Fällen vorausgesetzt, um 30—50% mehr Einblaseluft verbraucht als bei Leerlauf.

Wenn außer der Belastung auch die Drehzahl in weiteren Grenzen geändert wird — wie das z. B. bei Schiffsdieselmaschinen der Fall ist —, dann genügt die Regelung der Einblaseluftmenge durch den Einblasedruck allein in vielen Fällen nicht. Bei den niedrigen Drehzahlen bleibt das Brennstoffventil längere Zeit geöffnet als bei hohen Drehzahlen; es tritt deshalb bei langsamem Lauf mehr Einblaseluft in den Arbeitszylinder über als bei voller Drehzahl. Das ist gerade deshalb bei Schiffsmaschinen doppelt ungünstig, weil niedrige Drehzahlen mit kleiner Last zusammenfallen, bei der man mit besonders wenig Einblaseluft die besten Ergebnisse erzielt. Von verschiedenen

Dieselmotorenfabriken sind deshalb die Maschinen zwecks Verringerung der Einblaseluftmenge bei niedrigen Drehzahlen mit Vorkehrungen zur Beschränkung der Eröffnungsdauer und des Eröffnungshubes der Brennstoffnadel ausgerüstet worden.

Die nächstliegende und einfachste Vorrichtung zur Beschränkung des Nadelhubes besteht darin, daß die Anlaßbrennstoffsteuerung nicht voll auf Brennstoff ausgelegt wird, so daß die Rolle am Brennstoffhebel nicht in den vollen Bereich des Nocken gebracht wird; der Abstand zwischen Brennstoffrolle und Nockenscheibe beträgt also bei langsamer Drehzahl einen oder mehrere Millimeter gegen etwa 0,4 mm bei voller Drehzahl. Der Erfolg dieser Maßnahme ist, daß die Nadel später eröffnet, früher geschlossen und weniger stark angehoben wird. Die Anordnung, die den wichtigen Vorzug der Einfachheit hat, ist mit folgenden beiden Nachteilen behaftet. Sobald innerhalb weiterer Grenzen reguliert wird, wird leicht der Eröffnungsbeginn zu stark verändert, so daß entweder bei kleiner Last Spätzündungen oder bei großer Last Frühzündungen eintreten. Die Anordnung läßt ferner keine Feinregelungen zu, da die beim Anschlagen der Brennstoffnadeln an die Hebelrollen entstehenden Kräfte einen erheblichen Rückdruck auf die Hubregelung haben, die deshalb in den beiden Endlagen „volle Drehzahl“ und „langsame Drehzahl“ gut festgeklemmt werden muß.

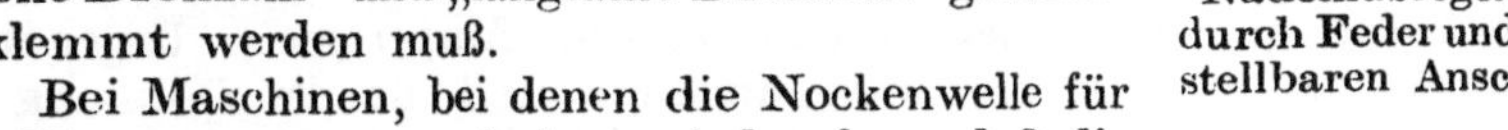

Fig. 33.
Nadelhubregelung durch Feder und verstellbaren Anschlag.

Bei Maschinen, bei denen die Nockenwelle für die Umsteuerung verschoben wird, ohne daß die Rollenhebel abgehoben werden, wird vielfach neben den Betriebsnocken ein Nocken für langsamen Gang gesetzt; die beiden Nocken sind durch ein verjüngtes Übergangsstück miteinander verbunden. Durch Verschieben der Nockenwelle um einen kleinen Betrag kann bald der eine, bald der andere Nocken in den Wirkungsbereich der Rolle gebracht werden. Diese Anordnung kann im allgemeinen nur bei Zweitaktmaschinen verwendet werden, da bei den Umsteuerungen von Viertaktmaschinen gewöhnlich die Nockenwelle nur verschoben werden kann, nachdem vorher die Hebelrollen abgehoben sind. Während des Betriebes dürfen aber die Hebelrollen nicht zum Übergang von hohen auf niedrigere Drehzahlen von den Nockenscheiben abgehoben werden.

Eine andere Art der Nadelhubregelung, die bei den von der Maschinenfabrik Augsburg-Nürnberg gebauten Maschinen angetroffen wird, ist in Fig. 33 dargestellt. Die Nockensteuerung wird bei den verschiedenen Drehzahlen überhaupt nicht beeinflußt, die Nadel öffnet und schließt also bei allen Drehzahlen zu gleicher Zeit. Die Nadel ist aber mit dem Rollenhebel a nicht starr, sondern unter Zwischenschaltung einer stark vorgespannten Feder b gekuppelt. Bei Beginn der Eröffnung wird die Nadel durch die Einwirkung des Nockens unter Zusammendrückung der Ventilfeder *e* so lange gehoben, bis sie gegen einen der weiteren Ventileröffnung im Wege stehenden Anschlag *c* stößt; von diesem Zeitpunkt ab wird nur noch die Feder *b* zusammengedrückt, bis die Rolle wieder vom Nocken abläuft und die Nadel nach Verlassen des Anschlages in normaler Weise geschlossen wird. Der Anschlag wird bei den verschiedenen Drehzahlen in der Höhe verstellt; bei langsamer Drehzahl ist nur ein kleiner Spalt zwischen Nadel *d* und Anschlag *c*, um den die Nadel geöffnet werden kann; bei voller Drehzahl ist der Anschlag aus dem Bereiche der Nadelbewegung gebracht, so daß die Nadel ungehindert bis zum vollen Betrage vom Nocken geöffnet wird. Das Diagramm, das den Nadelhub abhängig von der Zeit darstellt, stimmt also bei langsamer Drehzahl im Eröffnungs- und Schließstück mit dem Raschlaufdiagramm überein; das mittlere Stück ist bei langsamer Drehzahl durch eine horizontale Linie, die den Nadelhub bis zum Anschlag mißt, wiedergegeben. Die Vorrichtung kann nur dann richtig arbeiten, wenn die Ventilfeder *e* geringere Vorspannung hat als die Feder *b*. Der Grund für dies Erfordernis ist aus der schematischen Darstellung in Fig. 33 sofort ersichtlich.

Die Regelung ist mit der Regelung der Brennstoffpumpe starr gekuppelt, so daß bei geringer Last selbsttätig ein geringer Nadelhub eingestellt wird.

5. Brennstoffmeßvorrichtung.

Jedem größeren Elektromotor ist ein Amperemeter beigegeben, an dem man ständig die Stromaufnahme und, da die Spannung gewöhnlich ziemlich unverändert bleibt, die Energieaufnahme ablesen kann. Das Instrument ist nicht unbedingt nötig, da die Energiezufuhr nicht nach den Angaben des Amperemeters sondern nach Umdrehungsanzeiger und Belastung geregelt wird. Trotzdem sind die Angaben des Amperemeters so wertvoll, daß man es bei keiner größeren Anlage missen möchte: das Instrument zeigt es an, wenn zu viel Strom in einem bestimmten Fall gebraucht wird, wenn also der Wirkungsgrad der Anlage durch irgendeine Störung verringert ist.

Bei der Ölmaschine hatte bisher ein ähnlicher Leistungsmesser gefehlt, obwohl ein solcher gerade hier sehr am Platze wäre. Mitunter reiben ein Kolben oder einige Lager stark, die Steuerung ist schlecht eingestellt, das Auspuffrohr ist durch angesetzten Ruß fast verstopft, die getriebene Maschine hat besonders großen Widerstand, ohne daß man die Störung der Ölmaschine anmerkt. Zu Beginn der Störung geht die Drehzahl etwas zurück; der Regler oder der Maschinist regelt durch Weiterauslegen des Brennstoffregulierhebels nach; die Brennstoffpumpe gibt mehr Brennstoff und die Ölmaschine läuft ruhig weiter, bis der Schaden schwerwiegende Folgen nach sich zieht.

Ein selbsttätiger Energieanzeiger für eine Dieselmaschine, der dem Amperemeter des Elektromotors entspricht, ist versuchsweise in der in Fig. 34 dargestellten Weise ausgeführt worden[1]). In die Saugeleitung s der Brennstoffpumpe ist ein Drosselküken d eingeschaltet, das einen Druckabfall im Brennstoffstrom hervorruft. Vor und hinter dem Drosselküken sind zwei Glasrohre g angeschlossen, die oben durch ein Verbindungsstück v miteinander verbunden sind. Bei stillstehender Maschine wird durch das Lufthähnchen h so viel Luft in die Glasrohre eingelassen, daß der Flüssigkeitsspiegel in beiden Gläsern auf 0 steht. Im Betrieb stellt sich ein Druckunterschied $H_1 + H_2$ ein, der dem Quadrate der durchfließenden Menge proportional ist. An dem Apparat kann man sofort die der Maschine zugeführte Brennstoffmenge — also die Energiezufuhr — erkennen.

Die Anordnung, die ja in ähnlicher Ausführung zum Messen von Wassermengen usw. viel verwendet wird, hat sich für den hier betrachteten Zweck nicht voll bewährt. Die Viskosität des Brennstoffes ist bei den verschiedenen Lieferungen verschieden und sie hängt überdies in hohem Maße von der Temperatur des Brennstoffes ab. Die Anordnung ist nur in Verbindung mit einem Thermometer und einer Reihe von Tabellen, die die Eichwerte des Instrumentes für die verschiedenen Temperaturen enthalten, verwendbar; sie kommt deshalb nur für den Probestand einer Ölmotorenfirma, nicht aber für den praktischen Betrieb in Frage.

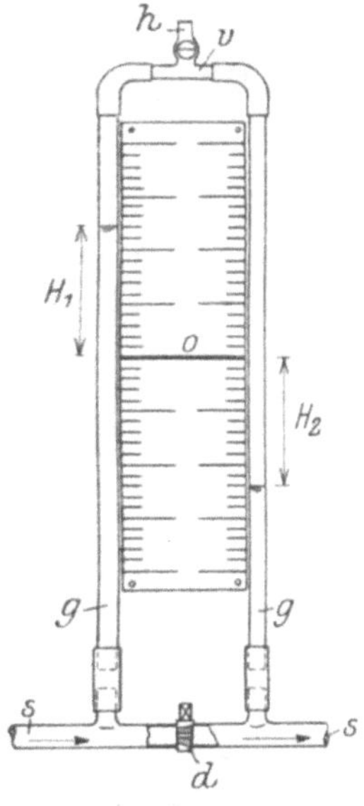

Fig. 34. Selbsttät. Brennstoffmeßvorrichtung.

Während des Krieges ist auf der Werft Wilhelmshaven mehrfach die in Fig. 35 dargestellte Brennstoffmeßvorrichtung[2]) mit Erfolg erprobt worden, die gegenüber der eben beschriebenen Anordnung den Vorteil größerer Genauigkeit, Betriebssicherheit und Einfachheit und den Nachteil hat, daß die Ablesung nicht augenblicklich erfolgen kann, sondern 10—15 Sekunden Zeit erfordert. Der Meßzylinder a ist an die Saugeleitung der Brennstoffpumpe angeschlossen. Die Leitung b kommt vom Vorratsbehälter, die Leitung c führt zur Brennstoffpumpe. In a ist der Meßkolben d leicht spielend eingesetzt; die mit d verbundene Meßstange e ist durch den Deckel f geführt und mit Meßstrichen $x_1,\ x_2$ versehen. Um das Durchtreten kleiner Brennstoffmengen durch den Deckel, solange nicht gemessen wird, zu verhüten, ist das aus dem Deckel hervorragende Ende der Meßstange durch eine aufgeschraubte Kapsel g abgeschlossen, die während des Meßvorgangs abgenommen ist. Die Leitungen b und c sind durch eine mit einem Hahn h abschließbare Parallelleitung zum Meßbehälter

---

[1]) Erstmalig ausgeführt in der Großölmaschinen-Versuchsanstalt von Prof. Junkers in Aachen.

[2]) D. R. P. angemeldet.

verbunden. Solange nicht gemessen wird, ist h geöffnet und der Brennstoff fließt der Pumpe direkt zu. Um die Meßvorrichtung für den Meßvorgang vorzubereiten, wird die Kapsel g abgeschraubt und die Meßstange am Knopf i bei geöffnetem Hahn h hochgezogen. Dann wird h dicht gedreht und der Kolben freigelassen. Der Kolben senkt sich, da der unter ihm befindliche Brennstoff der Pumpe zufließt. Die Messung beginnt, sobald der Meßstrich x_1, und sie endet, sobald x_2 in der Deckelbohrung verschwinden. Das effektive Hubvolumen des Meßkolbens ist vorher durch Ausmessen der Meßlänge und des Zylinderdurchmessers bestimmt worden. Während des Meßvorgangs werden die Maschinenumdrehungen oder bei Viertaktmaschinen die Umdrehungen der Steuerwelle gezählt, und zwar wird mit dem Zählen beim Verschwinden von x_1 begonnen und beim Verschwinden von x_2 aufgehört. Es wird auf diese Weise festgestellt, auf wieviel Umdrehungen die geeichte Brennstoffmenge der Pumpe zugeführt wird. Wenn der Kolben in seiner unteren Endlage angelangt ist, gibt er die Hilfsöffnung k frei, durch die der Brennstoff der Maschine unter Umgehung des Kolbens zufließen kann. Eine ähnliche Hilfsöffnung l ist beim Brennstoffeintritt in der oberen Kolbenendlage vorgesehen.

Das Hubvolumen des Meßzylinders soll etwa so bemessen sein, daß der Meßvorgang in 30—60 Umdrehungen der Steuerwelle beendet ist. Da die Vorrichtung dicht verschraubt ist, solange nicht gemessen wird, wird im Betrieb kein Brennstoff durch Undichtigkeiten verloren. Die Messung ist sehr genau, weil kaum Brennstoff von der Oberseite des Kolbens nach der Unterseite mit Rücksicht auf die geringe Druckdifferenz übertreten kann. Es ist darauf zu achten, daß keine größeren Luftsäcke im Brennstoffpumpensaugraum vorhanden sind. Wenn die Saugräume der Brennstoffpumpe für jeden Zylinder getrennt sind, ist es zweckmäßig, die Meßvorrichtung durch Zwischenschaltung von Hähnen auf jeden Zylinder schaltbar zu machen. Man kann dann in raschester Weise die Brennstoffverteilung auf die einzelnen Zylinder nachkontrollieren.

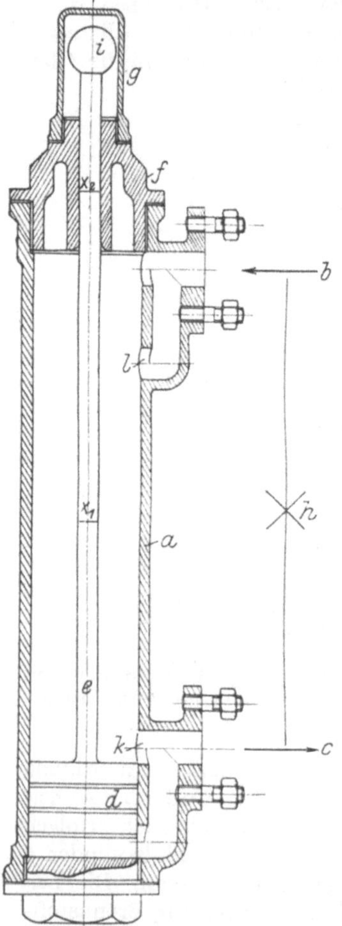

Fig. 35. Vorrichtung, die zum Messen des Brennstoffs in die Saugleitung zur Brennstoffpumpe eingeschaltet wird.

Messungen, die mit der beschriebenen Vorrichtung an verschiedenen
Schiffsdieselmaschinen im praktischen Betrieb vorgenommen worden sind,
haben ergeben, daß die Brennstoffverteilung auf die einzelnen Zylinder
stets ungleich war; die Abweichungen betrugen immer, solange die
Brennstoffpumpe nicht auf Grund der Meßergebnisse nachgestellt
worden war, mindestens 15%, in vielen Fällen 30%, vereinzelt sogar
bis 50%. Die ungleichmäßige Belastung der einzelnen Zylinder ist
mit eine der Hauptursachen für die Störungen an Schiffsdieselmaschinen.
Ihr muß deshalb große Aufmerksamkeit zugewandt werden.

6. Die Junkers-Dieselmaschine.

Die Junkersmaschine ist eine im Zweitakt arbeitende Dieselmaschine
mit gegenläufigen Kolben; sie hat in den letzten Jahren in der Öl-
maschinenindustrie viel Beachtung gefunden. Es muß gleich darauf
hingewiesen werden, daß die Junkersmaschine nicht die Erwartungen
erfüllt hat, die man vor 6—8 Jahren auf sie setzte, als eine stattliche
Reihe von deutschen und außerdeutschen Firmen von Professor
Junkers Lizenz nahm und mit dem Bau dieser Maschine begann. Dem
großen Aufwand von damals sind nur wenige brauchbare Ergebnisse
gefolgt. Das hat vor allem seinen Grund darin, daß die sämtlichen
Firmen, die seinerzeit den Bau von Junkersmaschinen aufnahmen,
keinerlei Erfahrung im Bau von Dieselmaschinen besaßen. Sie hätten
ebensolche Enttäuschungen erlebt, wenn sie damals statt der Junkers-
Dieselmaschine normale Viertaktdieselmaschinen zu bauen angefangen
hätten. Für den Bau der Junkers-Dieselmaschine sind vor allem die
Erfahrungen nötig, die man beim Bau einer normalen Dieselmaschine
sammelt. Die Sondererfahrungen, die außerdem erforderlich sind,
sind nicht sehr umfangreich.

Die verhältnismäßig größte Verbreitung hat die von der A. E. G.
gebaute Gegenkolbenmaschine (Fig. 36) gefunden. Die Maschine ist
stehend angeordnet; der untere Kolben trägt den Schubstangenzapfen; der obere Kolben ist mit einem Querhaupt verbunden, dessen
beide Enden als Schubstangenzapfen ausgebildet sind. Durch die
kreuzkopflose Anordnung ist die Maschine verhältnismäßig niedrig
gebaut. Die hin- und hergehenden Massen sind ebenfalls auf ein Mindest-
maß beschränkt, so daß diese Maschine mit im Vergleich zu anderen
Gegenkolbenmaschinen verhältnismäßig hoher Kolbengeschwindigkeit
umlaufen kann.

Die Gegenkolben-Dieselmaschine hat eine Reihe von Vorzügen; die
wichtigsten sind:
1. Die Einlaß- und Auslaßventile, die bei Viertaktmaschinen nötig
   sind, mit der umständlichen Steuerung und der Kühlung der
   Auslaßventile usw., fallen weg.
2. Die Zylinderdeckel, die gerade bei Zweitaktmaschinen vielfach
   Betriebsstörungen veranlassen, fallen weg.
3. Die Spülung ist infolge des glatten Zylinderraumes bei ausge-
   fahrenen Kolben ausgezeichnet.

4. Die Massenkräfte erster Ordnung sind in jedem Zylinder großenteils ausgeglichen; es bleibt nur die Differenz der mit dem äußeren und dem inneren Kolben verbundenen Massen zu berücksichtigen.

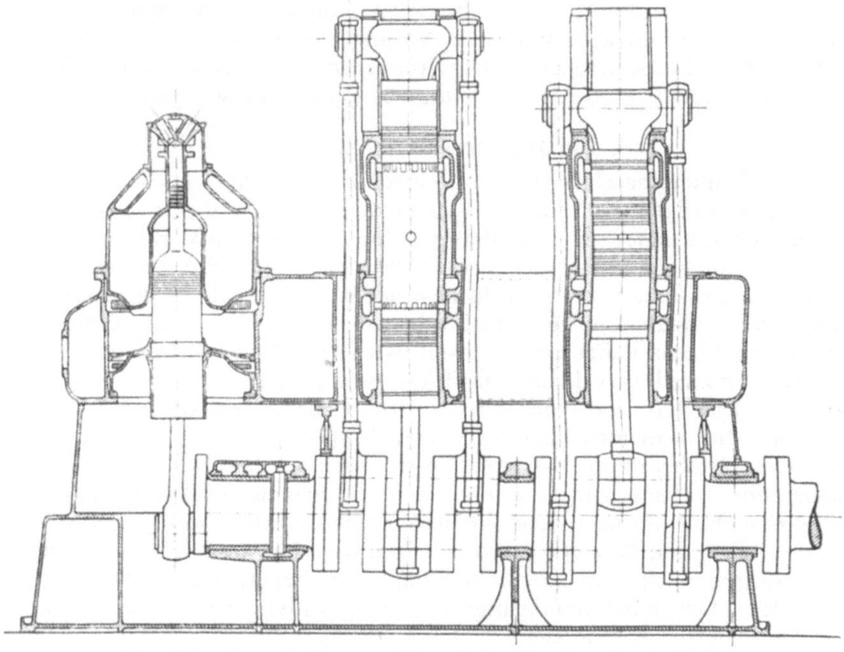

Fig. 36. Gegenkolbenmaschine (Schnelläufer) der A. E. G.

5. In der inneren Totlage der Kolben ist die abkühlende Wandungsfläche im Vergleich zum Totraumvolumen wesentlich kleiner als bei Einkolbenmaschinen. Der ungünstige Einfluß der Wandung, der sich vor allem bei kalter Maschine — beim Anlassen — und bei langsamer Drehzahl bemerkbar macht, tritt deshalb bei der Gegenkolbenmaschine nicht so stark in die Erscheinung wie bei Einkolbenmaschinen. Mit Rücksicht auf das Anlassen kann deshalb bei der Junkersmaschine eine niedrigere Verdichtungsendspannung gewählt werden, oder bei gleicher Verdichtungsendspannung springt sie sicherer an als die Einkolbenmaschine.

Die beiden schwerstwiegenden Nachteile der Junkers-Dieselmaschine gegenüber der Einkolbenmaschine sind:

1. Das Gewicht der bewegten Teile, die mit dem oberen Kolben verbunden sind, ist wesentlich größer als das Gewicht der mit dem unteren Kolben verbundenen Teile. Die Massenbeschleunigungskräfte sind deshalb — gleichen Hub beider Kolben vorausgesetzt — für den oberen Kolben größer als für den unteren Kolben. Die Höchstdreh-

zahl, mit der die Maschine umlaufen kann, ist durch die Massenkräfte des oberen Kolbens beschränkt; das untere Gestänge würde noch höhere Drehzahlen vertragen. (Um auch das untere Gestänge voll auszunützen und vollen Massenausgleich in jedem Zylinder zu haben, würde es sich empfehlen, den Hub des oberen Kolbens entsprechend kleiner als den des unteren Kolbens zu wählen, eine Anordnung, die bisher meines Wissens nicht ausprobiert worden ist.)

2. Durch das seitliche Herabführen der Schubstangen für den oberen Kolben muß zwischen zwei Zylindern ein verhältnismäßig großer Abstand vorhanden sein. Die Junkersmaschine baut sich deshalb sehr lang.

Die angegebenen Nachteile bewirken, daß sich die Junkersmaschine für gleiche Leistung schwerer und geräumiger baut als die Einkolbenmaschine. Beide Nachteile können aber vermieden werden, wenn die gegenläufigen Kolben auf zwei Wellen arbeiten, die miteinander gekuppelt sind. Eine Anordnung dieser Art ist z. B. in der alten amerikanischen Patentschrift 670 966 von Pender beschrieben. Die beiden Wellen sind durch zwei um 90° gegeneinander versetzte Kuppelstangen k (Fig. 37) miteinander verbunden. Bei dieser Anordnung ist voller Massenausgleich — also im Gegensatz zur gewöhnlichen Junkersanordnung auch von der zweiten Ordnung — in jedem Zylinder vorhanden. Die Zweiwellenanordnung eignet sich nicht für stehende Ausführung, da sonst die Beseitigung des Schmieröls aus den oberen Kolben große Schwierigkeiten machen würde. Die liegende Anordnung stellt den einfachsten zur Zeit bekannten Aufbau einer Dieselmaschine dar. Bei dieser Anordnung sind die Vorzüge der Junkers-Dieselmaschine beibehalten und die Nachteile vermieden. Sie wird deshalb voraussichtlich im zukünftigen Ölmaschinenbau noch einmal eine Rolle spielen.

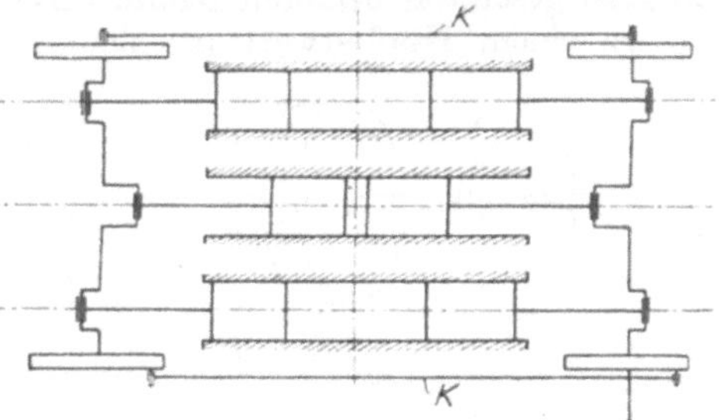

Fig. 37. Gegenkolbenmaschine mit 2 getrennten Kurbelwellen.

7. Wellenschwingungen und Wellenbrüche.

Wie schon an anderer Stelle mitgeteilt, sind Wellenbrüche an Dieselmotorenanlagen entweder auf Torsionsschwingungen oder auf ungewöhnlich große Biegungsbeanspruchungen zurückzuführen. Die Torsionsschwingungen treten auf, wenn große Schwungmassen auf der Welle angeordnet sind; sie sind an bestimmte Drehzahlen — kritische Gebiete — gebunden und sie haben bei längeren Wellenleitungen (z. B. bei Schiffen) im allgemeinen Brüche in der Wellenleitung zwischen den Hauptschwungmassen (also nicht in der Kurbelwelle) zur Folge. Im Gegensatz dazu sind die Biegungsbeanspruchungen innerhalb der Kurbelwelle einer Dieselmaschine für gewöhnlich nicht

Folge von Schwingungen, sondern von ungenauen Lagerungen; sie sind an keine Drehzahl gebunden und sie verursachen Brüche in der Kurbelwelle.

Wir wenden uns zuerst den Torsionsschwingungen zu. Der einfachste Fall einer Torsionsschwingung ist durch Fig. 38 gegeben. Die beiden Massen m_1 und m_2 sitzen auf einer masselosen Welle w. Durch Verdrehen von m_1 gegen m_2 wird die Welle elastisch gespannt. Die elastischen Kräfte suchen die Massen in der der Verdrehung entgegengesetzten Richtung zu bewegen. Die Massen werden, wenn keine entgegengesetzten äußeren Kräfte wirken, von den elastischen Kräften bis zu einem Höchstwert beschleunigt und dann wieder unter Ver

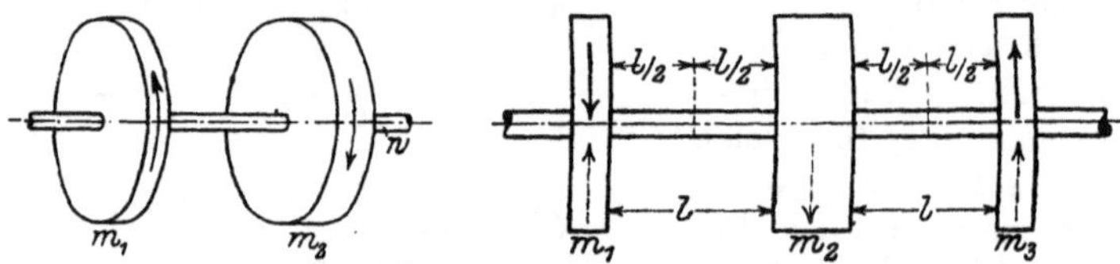

Fig. 38 u. 39. Schwungmassen auf Wellen.

drehung der Welle nach der anderen Richtung hin verzögert. Es findet ein Energiewogen zwischen der kinetischen Energie der Massen und der Verdrehungsenergie der Welle statt. Die Schwingungsdauer für eine solche Schwingung ist

$$ T = \frac{2}{a^2} \sqrt{\frac{2\pi l}{G}} \cdot \sqrt{\frac{\theta_1 \theta_2}{\theta_1 + \theta_2}}, $$

wobei a den Halbmesser der Welle, l die wirksame Länge der Welle, G den Schubelastizitätsmodul und θ_1 bzw. θ_2 die Trägheitsmomente der Massen bezeichnen.

Sobald mehr als zwei Massen auf der Welle sitzen, können sich verschiedenartige Schwingungen ausbilden. In Fig. 39 sitzen z. B. drei Massen m_1, m_2 und m_3 auf der Welle, und zwar ist $\theta_1 = \theta_3 = \dfrac{\theta_2}{2}$.

Die Wellenabstände zwischen den Massen sind gleich l. Die erste Schwingungsart ist in diesem Beispiel dadurch gekennzeichnet, daß m_1 und m_3 in entgegengesetzter Richtung gegeneinander schwingen. m_2 bleibt dabei in Ruhe, da durch die beiden Wellenstücke von m_1 und m_3 her jederzeit gleich große, entgegengesetzt gerichtete Drehmomente auf m_2 übertragen werden, die sich gegeneinander aufheben. Die Schwingungsdauer ist für diesen Fall

$$ T_1 = \frac{2}{a^2} \sqrt{\frac{2\pi l\,\theta_1}{G}}. $$

Man nennt diese Schwingung die Schwingung erster Ordnung. Es können aber auch die Massen m_1 und m_3 parallel miteinander und gegen m_2 schwingen (durch die gestrichelten Pfeile angedeutet). Es ist dies die Schwingung zweiter Ordnung. Die Schwingungsknoten sind von m_2 um das Stück $\dfrac{l}{2}$ entfernt. Die Schwingungsdauer T_2 ist unter Zugrundelegung der obigen Größenangaben:

$$T_2 = \frac{2}{a^2} \sqrt{\frac{\pi\,l\,\theta_1}{G}}.$$

In diesem besonderen Falle dauert die Schwingung $T_1 \sqrt{2} = 1{,}42$ mal so lange als T_2. Wenn das Trägheitsmoment θ_2 bei Gleichbleiben aller übrigen Größen vergrößert wird, nimmt die Schwingungsdauer zweiter Ordnung zu, während die Schwingungsdauer erster Ordnung dieselbe bleibt; im Grenzfall nähert sie sich mit unendlich groß werdendem θ_2 dem Wert T_1. Wenn θ_2 kleiner wird, nimmt die Schwingungsdauer zweiter Ordnung ab; sie würde mit $\theta_2 = 0$ den Wert $T = 0$ erreichen. An diesem Beispiel sieht man, daß das Verhältnis $T_1 : T_2$ keinen festen Wert hat. T_2, das der Schwingung mit den zwei Schwingungsknoten angehört, ist aber immer kleiner als T_1. Die Welle mit drei Schwungmassen kann nur die angeführten beiden Drehschwingungen ausführen, von denen der Knoten für die Schwingung erster Ordnung bei unsymmetrischer Anordnung im allgemeinen nicht innerhalb der mittleren Masse liegt. Wenn statt der drei Massen deren beliebig viele auf der Welle sitzen, sind entsprechend viele Schwingungsformen möglich.

Da die Welle einer Dieselmotorenanlage mit vielen Massen behaftet ist, können an ihr die verschiedensten Schwingungsformen auftreten. Auf die Haltbarkeit des Materials hat aber gewöhnlich nur die Schwingung erster Ordnung und vereinzelt auch die zweiter Ordnung Einfluß. Die Schwingungen höherer Ordnung haben so hohe Periodenzahlen, daß keine Resonanz mit den während des Maschinenumlaufs auftretenden Kräften eintritt. Die Schwingung erster Ordnung entspricht der in Fig. 38 gegebenen Anordnung. Die Schwierigkeit bei der Ausrechnung der Eigenschwingungszahl besteht nur darin, die verschiedenen umlaufenden und bewegten Massen zu den beiden reduzierten gegeneinander schwingenden Schwungmassen m_1 und m_2 zusammenzufassen. Der Weg für die genaue Auswertung der Eigenschwingungszahlen ist in der Z. d. V. d. I., 1902, von H. F r a h m. Z. d. V. d. I. 1912, S. 1025, von G ü m b e l und zusammenfassend unter besonderer Berücksichtigung der Verhältnisse an Dieselmotoren von J. G e i g e r, Augsburg, in der Dissertation „Über Verdrehungsschwingungen von Wellen“[1]) angegeben. Wenn zwei Hauptmassen — z. B. ein Schwungrad und ein Dynamoanker — auf der Welle in einigem Abstand voneinander sitzen, kann man oft mit guter Annäherung die Schwingungszahl erster Ordnung aus obiger Formel für T_1 unter Vernachlässigung der übrigen Schwungmassen (Kolben, Schubstangen usw.) berechnen.

---

[1]) Verlag von Walch, Augsburg.

Die Eigenschwingungszahl erster Ordnung für die Welle einer U-Boots-Dieselmaschine lag gewöhnlich bei 1500—2500 $\frac{1}{\min}$; die Umlaufzahl dagegen betrug im Höchstfalle 450 $\frac{1}{\min}$. Während jeder Umdrehung erfolgen bei einer sechszylindrigen Viertaktmaschine drei Zündungen in gleichen Abständen; auf die Welle werden deshalb Impulse mit der Periode der dreifachen Drehzahl übertragen. Besonders ausgezeichnet wäre demnach eine Umlaufzahl, die gleich dem dritten

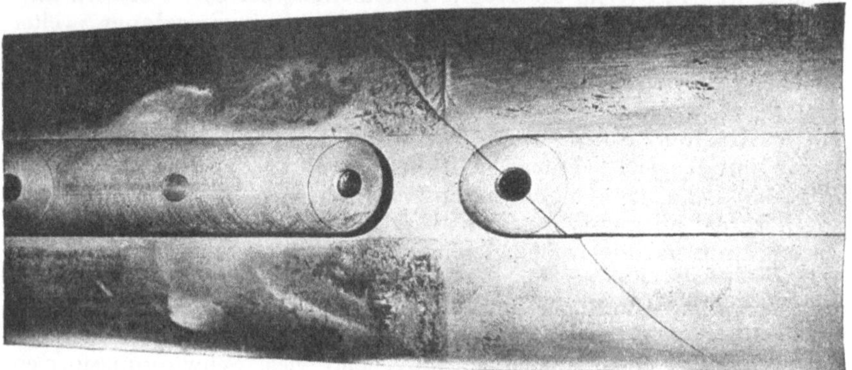

Fig. 40. Wellenbruch.

Teil der Eigenschwingungszahl ist. Auf U-Booten fiel dieses Gebiet gewöhnlich außerhalb der Betriebsdrehzahlen. Resonanz entsteht aber auch dann, wenn die Eigenschwingungszahl ein ganzes Vielfaches der Drehzahl ist, und zwar sind nach Geiger besonders starke Schwingungsausschläge bei sechszylindrigen Dieselmaschinen zu erwarten, wenn die Verhältniszahl durch 3 teilbar ist, wenn also die Drehzahl $\frac{1}{3}$, $\frac{1}{6}$, $\frac{1}{9}$ oder auch $\frac{1}{4,5}$ oder $\frac{1}{7,5}$ der Eigenschwingungszahl beträgt.

Bei einer Maschine, deren Betriebsdrehzahlen in weiten Grenzen verstellt werden, wird es sich nicht umgehen lassen, daß kritische Schwingungsgebiete innerhalb des Betriebsbereiches liegen. Es ist nötig, daß diese Gebiete durch Versuche mit einem Torsionsindikator[1] festgestellt und für längere Benutzung gesperrt werden. Die Versuche sind namentlich dort vorzunehmen, wo lange Wellenleitungen vorhanden sind und große Schwungmassen auf ihnen sitzen. Besonders gefährdet sind demnach Schiffswellen, die zur Verringerung des Ungleichförmigkeitsgrades mit einem Schwungrad ausgerüstet sind (siehe z. B. die Werkspormaschine in der Z. d. V. d. I. 1912, S. 383). Wenn die Maschine aus Unkenntnis des Personals viel in den kritischen Ge-

---

[1] Geigerscher Torsionsindikator, beschrieben in der Z. d. V. d. I. 1916, S. 811. Frahmscher Torsionsindikator, beschrieben in der Z. d. V. d. I. 1918, S. 177.

bieten gefahren wird — kritische Torsionsschwingungen können oft am Geräusch und an sonstigen äußeren Anzeigen nicht festgestellt werden—, ist es gewöhnlich nur eine Frage der Zeit, wann die Welle bricht. Die experimentelle Bestimmung der kritischen Gebiete und die im An-schluß daran folgenden Vorbeugungsmaßnahmen machen sich des-halb immer bezahlt[1]).

In Fig. 40 ist eine infolge von Torsionsschwingungen gebrochene Welle wiedergegeben. Das Bruchstück entstammt der Wellenleitung eines durch Dieselmaschinen angetriebenen Schiffes. Von den beiden Keilnuten diente die linke zur Befestigung des Kupplungsflansches; die Anfressungen an dem schwach konischen Wellenende lassen er-kennen, wie weit der Kupplungsflansch aufgezogen war. Der Keil in der rechten Nut bildete die Führung für eine Schiebemuffe, die für die Kraftübertragung keine Bedeutung hat. Der Riß geht mitten durch das Loch für die Halteschraube des Keiles und er verläuft — ein Charakteristikum für Brüche, die auf Torsionsbeanspruchungen zurück-zuführen sind — unter 45° zur Wellenmitte.

An anderer Stelle ist schon darauf hingewiesen worden, daß Brüche in der Kurbelwelle durch Biegungsbeanspruchungen hervorgerufen werden, die auf ungleichmäßige Abnutzung der Wellenlager zurückzu-führen sind. Die Lager nutzen sich ungleichmäßig ab, so daß die Welle ohne äußere Kräfte nur in einigen Lagern zum Aufliegen gebracht wird. Durch die im Betrieb auftretenden Verbrennungsdrucke wird die Welle zeitweilig so stark durchgebogen, daß sie auch in den vorher nicht zum Tragen gekommenen Lagern anliegt und zwar geschieht das dann, wenn die benachbarte Kurbel in oder nahe beim oberen Totpunkt steht, da dann die größte Belastung auf den Kurbelzapfen drückt. Die verschiedenen Lagerzapfen sind dabei verschieden stark beansprucht. In Fig. 41 ist z. B. die Welle einer sechszylindrigen Dieselmaschine mit zur Mitte symmetrischer Kurbelwelle so dargestellt, daß die Zündung eben im Zylinder *III* eingesetzt hat. Das Grundlager l_4 mag infolge ungleichmäßiger Abnutzung um 1 mm niedriger liegen als die benachbarten Lager l_3 und l_5. Die Welle wird deshalb um 1 mm durchgebogen und die größte Beanspruchung tritt an der Stelle a_1

---

[1]) Bei rasch laufenden Vielzylindermaschinen können unter Umständen auch die Biegungsschwingungen, die durch periodische Drehzahlschwankungen hervor-gerufen werden, Bedeutung gewinnen. Diese Schwingungen treten an ungleich-förmig umlaufenden Wellen auf, wenn die Periodenzahl der Drezahlschwankung δ (Perioden/Umdr.) und die kritische Biegungsschwingungszahl u_k (Perioden/Min.) mit der Umlaufzahl u (Umdrehungen/Min.) in der Beziehung stehen, daß $u = \dfrac{u_k}{\delta + 1}$ ist. Bei einer sechszylindrigen Viertaktmaschine mit $\delta = 3$ sind demnach Biegungsschwingungen, zu erwarten, wenn $u = \dfrac{u_k}{4}$ oder $\dfrac{u_k}{2}$ beträgt und bei einer sechszylindrigen Zweitaktmaschine mit $\delta = 6$, wenn $u = \dfrac{u_k}{7}$ oder $\dfrac{u_k}{5}$ ist. Bei den Ubootsdieselmaschinen sind Biegungsschwingungen dieser Art nicht aufgetreten, da die Wellen zu steif waren, so daß die kritische Biegungs-schwingungszahl u_k zu hoch lag. (Näheres hierüber bei A. Stodola, Schweiz. Bauz. 1917 und Z. d. V. 1919, S. 866 und O. Föppl, Zeitschr. f. ges. Turb. 1918.)

auf. In Fig. 42 ist die Kurbelwelle um 120° gedreht gezeichnet, wobei Zylinder V eben zum Zünden kommt. Es ist angenommen, daß in diesem Falle, der sich auf eine andere Maschine beziehen mag, das Lager l_5 um 1 mm mehr ausgelaufen ist als die benachbarten Lager l_4

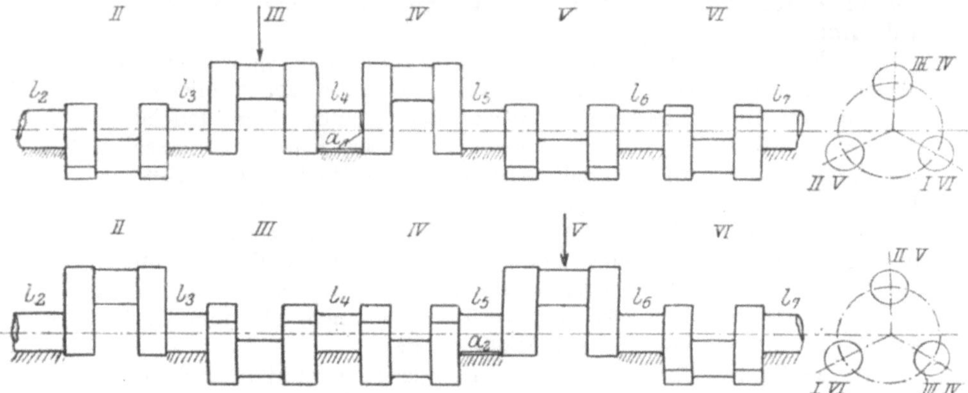

Fig. 41 u. 42. Kurbelwellen von Sechszylinder-Viertaktmaschinen.

und l_6. Die Welle muß wieder um 1 mm durchgebogen werden und die größte Beanspruchung tritt in a_2 auf. Zwischen den beiden Beanspruchungen a_1 und a_2 besteht der Unterschied, daß die benachbarte Kurbel IV in dem einen Fall in Richtung der Kurbelwange und

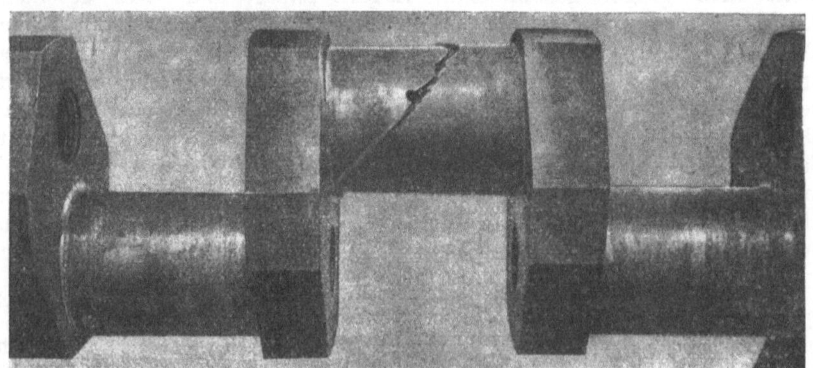

Fig. 43. Kurbelwellenbruch (der Riß geht durch einen Grundlagerzapfen, dem zu beiden Seiten Zapfen für Schubstangenlager benachbart sind).

im anderen Fall unter 120° dazu versetzt durchgebogen wird. Gegen Verbiegungen der ersteren Art ist aber die Welle viel steifer als gegen Verbiegungen der zweiten Art. Die Beanspruchung an der Stelle a_1 ist deshalb, da ja die Welle in beiden Fällen um den gleichen Betrag von 1 mm (die Lagerabnutzung) durchgebogen werden muß, wesentlich größer als die an der Stelle a_2. Die symmetrische Kurbelwelle bricht infolgedessen, wie sich an einer Reihe von sechszylindrigen Dieselmaschinen herausgestellt hat, stets im mittleren Wellenzapfen, der zwischen den beiden gleichgerichteten Kurbeln liegt. In Fig. 43 ist eine Kurbelwelle, die im mittleren Wellenzapfen gebrochen ist, dargestellt.

Den Kurbelwellenbrüchen dieser Art kann vorgebeugt werden, wenn man die Lagerung der Kurbelwelle öfters, vielleicht nach je 2000 bis 3000 Betriebsstunden, nachprüft. Dabei dürfen aber nicht nur, wie es in der Praxis oft geschieht, die Losen zwischen Wellenzapfen und Lagerdeckel nachgemessen werden, sondern es müssen vor allem die Losen zwischen Zapfen und Grundschale nach Lösen sämtlicher Deckel festgestellt werden, was nur durch Anheben der Kurbelwelle und Unterlegen von Bleidraht geschehen kann. Für Neukonstruktionen empfiehlt es sich unter Umständen, den mittleren Wellenzapfen besonders stark auszuführen.

III. Erfahrungen.

In den nachfolgenden Abschnitten sind auf Grund längerer Erfahrungen, die im Betriebe und bei Überholungen von Dieselmaschinen gesammelt sind, diejenigen Arbeiten angeführt, die regelmäßig vorgenommen werden müssen, um Betriebsstörungen nach Möglichkeit zu vermeiden. Weiter sind die praktisch erforderlichen Spiele der gegeneinander bewegten Teile und der Steuerung sowie deren Einstellung angegeben. An den Stellen, an welchen selbst bei hochwertigen Erzeugnissen noch Mängel kenntlich geworden sind, werden Vorschläge zu deren Abhilfe gemacht. Bei verschieden ausgeführten Bauarten der besprochenen Teile sind die Vorzüge und Mängel gegenübergestellt. Ferner ist noch auf einige beim Bau der Dieselmaschine besonders zu beachtende Punkte hingewiesen. Obwohl die Angaben sich in erster Linie auf die schnellaufende Schiffsdieselmaschine beziehen, wird sich vieles sinngemäß auf den Betrieb mit Dieselmaschinen im allgemeinen übertragen lassen.

Nach einer Fahrt mit mehrwöchiger Betriebsdauer der Dieselmaschine sind kleinere Instandsetzungsarbeiten auszuführen, die in der Beseitigung von Beschädigungen, Erneuerung von Dichtungen, Nachpassen von Lagern und Nachschleifen der Ventile, insbesondere der Auspuffventile bestehen. Nach etwa einjährigem Betriebe ist eine Grundinstandsetzung mit Ausbau der Kolben, Nachmessen dieser und der Zylinder, Prüfung der Wellenlagerungen, Reinigen der wassergekühlten Räume, Überholen der Pumpen usw. am Platze.

1. Kastengestelle.

Die Kastengestelle sind vor allem ausreichend fest zu bauen und gehörig zu versteifen, damit die Kolbenkräfte mit Sicherheit aufgenommen werden können. Es ist verkehrt, mit Rücksicht auf Gewichtserleichterung zu schwach zu bauen. Manche Kastengestelle haben noch nach mehrjähriger Betriebsdauer Risse erhalten, und mußten mit derartig großem Materialaufwand wieder instand gesetzt werden, daß das beim Neubau ersparte Gewicht weit überholt wurde. Es sind meist Risse in den Seitenwänden und Rippen zwischen den Kastenöffnungen beobachtet worden. Zur Wiederherstellung wurden entweder beiderseitig aufgesetzte, mittels Paßschrauben oder Nieten befestigte Laschen und Winkel verwandt, die möglichst bis an die Fundamentschrauben heruntergeführt und mit diesen verbunden wurden,

oder besser noch lange Schrauben eingezogen. Die Fig. 44 zeigt
ein durch Anker versteiftes Kastengestell mit Rißstellen. Die
Kolbenkräfte werden hierbei durch eine auf die Zylinderfüße gelegte
und mit diesen verschraubte Traverse a auf die Bolzen b übertragen und von diesen unter Entlastung der Kastenwände möglichst

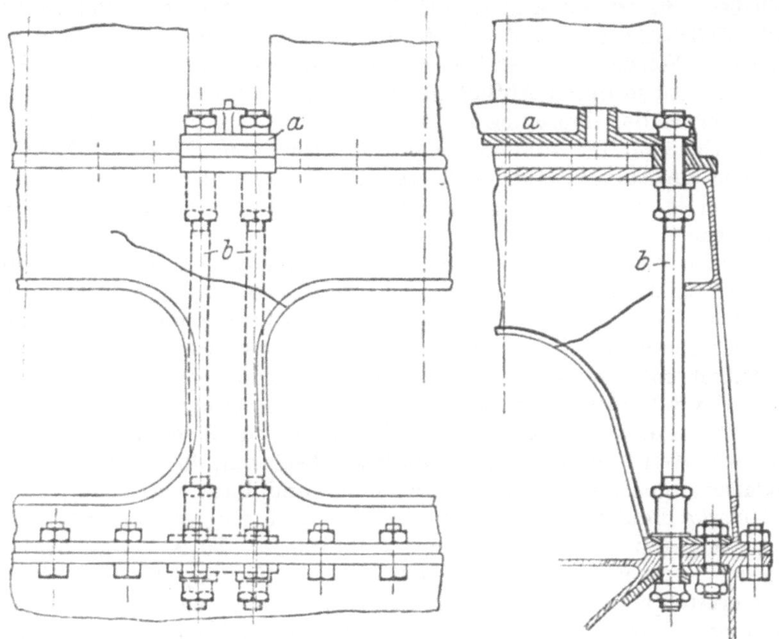

Fig. 44.
Instandgesetztes gerissenes Kastengestell.

nahe zu den Grundlagern übergeleitet. Die Arbeit verursachte besonders wegen schwieriger Paßarbeiten hohe Kosten, ließ sich aber
wesentlich schneller ausführen als der Einbau eines neuen verstärkten
Kastengestells, das erst hätte angefertigt werden müssen. Im Stahlguß, besonders in schwierigen Gußstücken, können noch nach Jahren
durchgehende Risse auftreten, die häufig schon anfangs in der Form
von Haarrissen vorhanden gewesen sind. Bei der Abnahme ist daher
eine eingehende Besichtigung der Stahlgußstücke erforderlich. (Haarrisse
werden dadurch erkannt, daß das Stück zunächst mit Öl bestrichen
und wieder getrocknet wird. In der darauf mit Kreide geweißten
Fläche machen sich die Risse durch Durchfetten bemerkbar.)

Da die Grundplatte im Schiff im allgemeinen unzugänglich ist,
wenn nicht die Maschine angehoben wird, muß sie sorgfältig und dauer-
haft abgedichtet sein, damit Ölverluste vermieden werden. Das Gleiche
gilt auch für die Rohrleitungen, die unter der Wanne liegend, das
Schmieröl in die Behälter zurückführen. Die Rohre sind so zu ver-

legen, daß die Flanschen nicht durch Spannungen undicht werden können und so zu befestigen, daß sie sich infolge von Schwingungen nicht durchscheuern. Als Dichtungsstoff dient hier am besten ein weicher Kupferring. Die Rohrleitung ist möglichst weit auszuführen, da manche Ölsorten zur Schaumbildung neigen und dann schwer abfließen. Sie ist an mehreren Stellen der Ölwanne vorn und hinten und möglichst auch in der Mitte anzuschließen und mit Sieben abzudecken. Folgende Zahlen können als Anhalt dienen: Bei einer 500 PS-Maschine, die je einen Abfluß an den beiden Enden der Kurbelwanne hatte, wurde der Durchmesser jeder Leitung mit 60 mm ausgeführt, wobei ein Gefälle zum Schmierölbehälter von 50 cm vorhanden war und die Abflußleitungen kürzer als 7 m waren. Keinesfalls darf Schmieröl in der Wanne stehen bleiben und das Gestänge in das Öl eintauchen.

Große Sorgfalt ist auch auf die Befestigung der Grundplatte auf dem Schiffsfundament zu verwenden, da sich sonst die Maschine bald losrüttelt. Die Grundplatte erhält eine größere Anzahl von Halte- oder Paßschrauben. Es reicht aus, etwa jede zweite oder dritte Schraube als Paßschraube auszuführen, die aber eine genügend große Auflagefläche des Schaftes im Fundament und in der Grundplatte vorfinden muß. Zweckmäßig ist auch eine Befestigung durch gegen Rückgleiten gesicherte Keile, die sich gegen Ansätze abstützen, die auf das Schiffsfundament genietet sind. Zwischen Grundplatte und Fundament sind starke Paßbleche anzuordnen, die ein leichteres Ausrichten der Maschine gegen die Wellenleitung ermöglichen. Zu leichterem Ersatz und zur besseren Transportmöglichkeit sind Grundplatte und oberes Kastengestell aus einzelnen nicht zu großen Teilen zusammenzusetzen. Am Gestelle sind drei oder vier in der Längsrichtung hintereinander liegende Marken anzubringen, meist angegossene Warzen mit einer wagerechten und einer senkrechten Fläche, die nach der Werkstattmontage so bearbeitet werden, daß die Flächen in gleichen Ebenen liegen. Beim Einbau im Schiff wird dann die Maschine nach diesen Marken ausgerichtet, außerdem kann jederzeit nachgeprüft werden, ob sich das Schiffsfundament und damit die Maschine verzogen hat.

Die Öffnungen im Kurbelgehäuse sind ausreichend groß auszuführen, damit bequem in der Kurbelwanne vor allem an den Lagern gearbeitet werden kann. Die Verschlußdeckel müssen einerseits gut dicht halten, damit nicht das Bedienungspersonal durch Öldämpfe gestört wird, andererseits müssen sie leicht losnehmbar eingerichtet sein, damit nach dem Abstellen der Maschine die Lager schnell nachgefühlt werden können. Die Befestigung durch Vorreiber ist deshalb zu empfehlen.

Die unteren Lagerschalen in der Grundplatte müssen sich zum Nacharbeiten oder Ersatz herausdrehen lassen, ohne daß die Welle angehoben zu werden braucht. Sie werden gegen Mitnahme beim Lauf der Maschine gehalten von den oberen Lagerschalen, die durch einen Zapfen gesichert sind. Falls sich beim Ersatz herausstellt, daß das untere Lager so tief liegt, daß es die Welle nicht berührt, kann, wie Fig. 45 zeigt, ein dünnes Blech a zwischen Lagerschalen und Grundplatte gelegt werden, das etwa $^1/_3$ des Umfanges umfaßt und an den Enden zugeschärft wird. Die Arbeit ist natürlich nur als Notbehelf beim Auswechseln der Lager auf See oder in besonders eiligen Fällen zur Zeitersparnis ausgeführt. Wenn genügend Zeit vorhanden ist, werden die Lagerschalen neu ausgegossen. Zur Ermöglichung des Nacharbeitens des Lagers ist es unbedingt erforderlich, daß selbst bei kleinen Maschinen die oberen Lagerschalen in einen besonderen Deckel, nicht in das obere Kastengestell eingesetzt sind. Über das Arbeiten an den Lagern ist Näheres in dem Abschnitt über die Schubstangenlager gesagt. Das Spiel zwischen Kurbelwellenzapfen und oberer Lagerschale, das anfangs auf 0,08—0,15 mm eingestellt ist, wird durch Herausnehmen der Blecheinlagen b zwischen den Lagerschalen wieder berichtigt, wenn es sich auf 0,3—0,5 mm vergrößert hat. Die Beilagen sind besonders für große Maschinen so einzurichten, daß zu ihrer Entfernung der Lagerdeckel nur angelüftet zu werden braucht. Sie dürfen deshalb

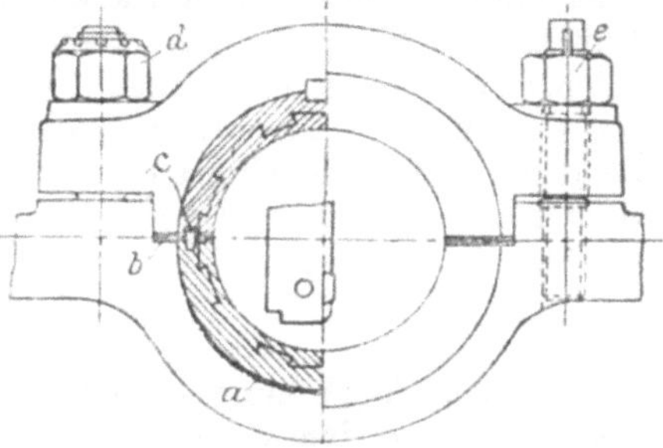

Fig. 45.
Grundlager.

nicht ⊔-förmig den Lagerkörper umfassen, sondern können z. B. durch einen niedrigen in der unteren Lagerschale befindlichen Stift c gehalten werden. Eines der Lager, am besten das der Kupplung nächstliegende, ist als Paßlager ausgebildet und hält die Kurbelwelle in ihrer Lage fest. Die übrigen Lager erhalten ein um so größeres seitliches Spiel, je weiter sie von dem Paßlager entfernt sind und zwar bis zu einigen Millimetern an der Seite, nach welcher die Kurbelwelle durch Ausdehnung bei ihrer Erwärmung wächst. Für die Schrauben der Lagerdeckel sowie auch andere Schrauben der Dieselmaschine, die öfters gelöst werden müssen, ist die Doppelmutter nicht als Schraubensicherung zu empfehlen, weil sie teuer und gewichtig ist. Besser ist die Sicherung durch Kronenmutter mit Rundsplint d oder normale Mutter und Keilsplint „e", der wiederum zur Sicherung gegen Zurückgleiten aufgespalten ist und aufgebogen wird. Längere überstehende Gewindeteile sind zu vermeiden, weil sich sonst die Muttern schwer lösen lassen. Durch das starke Anziehen dieser Schrauben reckt sich nämlich das Gewinde, soweit es in der Mutter liegt, während der außerhalb liegende Teil unverändert bleibt. Des öfteren sind Lagerschrauben meist am Ende des unteren Gewindes wahrscheinlich infolge zusätzlicher Beanspruchungen durch Verziehen des Gestells gerissen. Es ist dann dadurch Abhilfe geschaffen worden, daß der Schaft der Schraube zur Erzielung gleichmäßiger Dehnung auf den Kerndurchmesser des

Gewindes abgedreht und am Ende des unteren Gewindes ein konischer Bund angesetzt wurde, wie aus der Fig. 45 ersichtlich ist.

Jede Möglichkeit, daß Seewasser in die Ölwanne und dadurch ins Schmieröl gelangen kann, ist zu vermeiden. Durch stärkere Beimengung von Seewasser zum Öl sind des öfteren schwere Lagerbeschädigungen eingetreten. Durch die unvollkommene Schmierung nutzen sich die Lager schnell ab, die Schmiernuten schieben sich zu, und die Lager laufen schließlich aus. Es dürfen daher Kühlwasserleitungen nicht im Innern des Kastengestells verlegt werden, da durch undichte Packungen oder durchfressene Rohre Wasser in die Wanne laufen kann. Wasserkühlung der Hauptlager ist durch ausreichende Bemessung der Lagerflächen überflüssig zu machen. Die Ölleitungen im Innern des Kurbelgestells, die der dauernden Beobachtung entzogen sind, müssen besonders kräftig ausgeführt und gut gehaltert werden. Es ist öfter beobachtet, daß schwache Ölleitungen infolge von Schwingungen brachen, wodurch dann Lager ausliefen.

2. Kurbelwelle.

Zu den Überholungsarbeiten an der Kurbelwelle gehört ein öfteres Nachsehen und Reinigen der schmierölführenden Bohrungen. Manche Öle sondern infolge von Verunreinigung mit Seewasser einen zähen Schlamm ab, der sich in der hohlen Kurbelwelle, besonders im Inneren der Kurbelzapfen an deren Außenseite durch Schleuderwirkung ansammelt und schließlich die zu den Lagern führenden feinen Bohrungen verstopft. Warmlaufen der Lager und Zylinderführungen sind die Folgen. Die Zapfen müssen deshalb so verschlossen sein, daß ihr Inneres zur Reinigung leicht zugänglich ist. Zu empfehlen sind Deckel a (Fig. 46), die durch einen Verbindungsanker b gehalten werden. Von Vorteil ist auch die Einsetzung eines kurzen Rohrstückes c in die radiale Bohrung des Kurbelzapfens, das bis in die Mitte des Zapfens führt, um eine Verstopfung bis zur nächsten Reinigung zu vermeiden. Nach der Entfernung des Ölschlammes kann zur vollständigen Reinigung längere Zeit Treiböl oder ein anderes die Unreinigkeiten auflösendes Mittel durch die Maschine gepumpt werden; danach ist natürlich mit Schmieröl nachzupumpen, ehe die Maschine wieder in Betrieb genommen wird.

Ein Unrundwerden oder Schlagen der Lagerzapfen von etwa 200 m ⌀, wie es nach mehrjährigem Betriebe beobachtet wurde, konnte ohne Nachteil bis 0,3 mm zugelassen werden. Beim Abdrehen der Lagerzapfen muß mit einer Verminderung des Durchmessers um 1 bis 2 mm gerechnet werden, da alle Zapfen gleiche Stärke erhalten sollen. Die genaue Bearbeitung der nur wenig unrunden Zapfen auf der Drehbank ist ziemlich schwierig und kann nur geschickten Arbeitern übertragen werden. Die Teilung der Kurbelwelle in ein Stück mit den Kurbeln für die Arbeitszylinder und ein zweites mit den Kurbeln für die Verdichterzylinder hat sich in einem Falle als auch insofern vorteilhaft erwiesen, als das kurze Stück allein zum Nachdrehen der

Kurbelzapfen ausgebaut werden konnte. Kleine Nacharbeiten an den Zapfen, z. B. Glätten, können in der Maschine vorgenommen werden. Um Wellenlager von zusammengesetzten Wellen bearbeiten zu können, auch z. B. von Wellen, auf denen die Ventilhebel gelagert sind, ist natürlich ganz allgemein erforderlich, die Welle im ganzen auszubauen und auf die Drehbank zu bringen.

Bei den von erfahrenen Maschinenfabriken hergestellten Dieselmaschinen kommen Brüche der Kurbelwelle im allgemeinen nicht vor. Wenn sie trotzdem auftreten, so ist der Grund meistens in einer durch Abnutzung eines Lagers hervorgerufenen erhöhten Biegungsbeanspruchung oder in Verdrehungsschwingungen zu suchen. In der Fig. 46 sind zwei im Betriebe beobachtete Fälle dargestellt, in denen der Bruch im mittleren Lagerzapfen auftrat. Die gestrichelte Linie zeigt einen Biegungsbruch. Das Weißmetall der unteren Lagerschale hatte sich — vielleicht infolge eines vorübergehen-
den Ölmangels — stärker abgenutzt

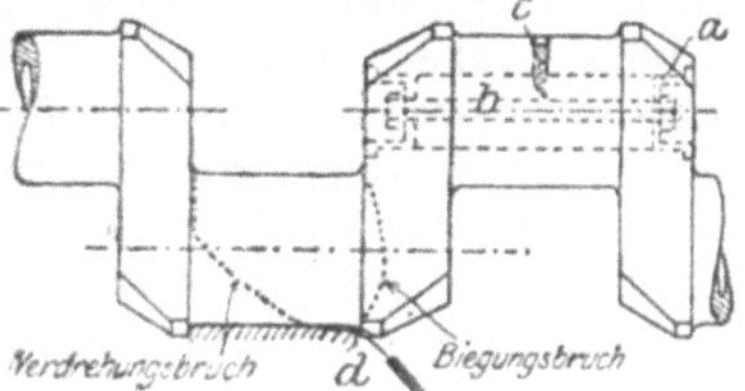

Fig. 46. Stück einer Kurbelwelle.

als das der übrigen Wellenlager, so daß bei stehender Maschine ein Spiel zwischen der unbelasteten Welle und dem Lager festzu-
stellen gewesen wäre. Während des Arbeitens des Motors findet dann bei jeder Umdrehung eine Durchbiegung der Welle bis zu ihrer Anlage statt, die eine Ermüdung der Welle hervorruft und schließlich zum Bruch führt. Biegungsbrüche verlaufen im allgemeinen etwa senkrecht zur Wellenachse. Ein Spiel zwischen der Kurbelwelle und ihren Lagern kann auch nach langer Betriebszeit bei einseitiger Abnutzung des Lagerzapfens und durch nicht sorgfältige Arbeit bei der Auswechslung einer der unteren Lagerschalen eintreten, wofür die Möglichkeit besonders groß ist, wenn der Ersatz auf See mit Bordmitteln vor-
genommen werden muß. Die Betriebssicherheit erfordert daher, daß von Zeit zu Zeit, sicher aber nach der Erneuerung einer Schale etwa mit einer biegsamen Fühlerlehre d nachgeprüft wird, wie aus der Fig. 46 ersichtlich ist, ob ein Spiel zwischen Zapfen und unterer Lagerschale entstanden ist. Bei der Messung, die an mehreren Stellen des Zapfenumfanges ausgeführt wird, darf natürlich ein Verdichtungs-
druck im Zylinder nicht vorhanden sein. Bei einem vorhandenen Spiel wird die Lagerschale mit neuem Weißmetall versehen oder, wie früher angegeben, unter die Schale ein dünnes Blech gelötet.

Die strichpunktierte Linie zeigt einen Bruch infolge von Ver-
drehungsschwingungen, der im allgemeinen unter einem Winkel von etwa 45° zur Wellenachse verläuft. Bei langen mit Massen belasteten Wellenleitungen treten bekanntlich beim Fahren innerhalb der als kritisch bezeichneten Umdrehungszahlen Verdrehungsspannungen auf, die die normalen erheblich übersteigen und schließlich den Bruch der Welle herbeiführen. (Näheres über kritische Umdrehungszahlen

auf S. 57.) Der gefährliche Querschnitt für Verdrehungsschwingungen lag wie fast allgemein auch hier außerhalb der Kurbelwelle. Der angegebene Bruch im mittleren Lagerzapfen ist daher wahrscheinlich erst durch Biegungsbeanspruchungen eingeleitet. Die kritischen Umdrehungen werden zwar durch Messung mit dem Torsiographen ermittelt und auf den Umdrehungsanzeigern angegeben, indessen ist es bei falsch anzeigendem Instrument oder bei unaufmerksamer Bedienung doch möglich, daß sie trotzdem zum Nachteil für die Wellenleitung benutzt werden. Starke Verdrehungsschwingungen bei anderen Umdrehungszahlen als den als kritisch bezeichneten können auftreten, wenn infolge einer Beschädigung ein Zylinder durch Aufhängen des Kolbens außer Betrieb gesetzt ist. Da die Festlegung der kritischen Umdrehungen nach dem Gehör sehr unsicher ist, muß in einem solchen Falle mit verminderter Umdrehungszahl gefahren werden. Es sind auch Vorrichtungen hergestellt, die dauernd eingebaut bleiben und während des Ganges gefährliche Verdrehungsbeanspruchungen durch ein Klingelzeichen oder Aufblitzen einer Glühlampe anzeigen. Bei diesen Torsionsindikatoren ist ein mitumlaufender Stab, der an der Kraftübertragung nicht teilnimmt, in ein hohlgebohrtes Stück der Wellenleitung eingesetzt. Wird die Verdrehung des Wellenstückes unzulässig groß, so berühren sich die an der Welle und dem freien Stabende angebrachten Kontakte und schließen den Strom für das Alarmzeichen.

3. Zylinder und Zylinderbüchsen.

Die Arbeitszylinder für kleinere Maschinen sind ebenso wie die Einblasepumpenzylinder für alle Maschinen zusammen mit dem Kühlwassermantel in einem Stück aus Gußeisen hergestellt (Fig. 48). Dagegen werden die Arbeitszylinder für Maschinen von etwa 300 PS an, wie aus den Tafeln ersichtlich ist, aus einem Stahlgußmantel hergestellt, in den eine Büchse aus Spezialgußeisen eingezogen ist. Das letztere Verfahren hat für den Betrieb mannigfache Vorteile. Die etwa jährlich anzustellenden Säuberungen der Kühlwasserräume können nach dem Auspressen der Büchse gründlich vorgenommen und die Räume mit Rostschutzfarbe gestrichen werden. Bei den Zylindern aus einem Stück muß die Reinigung durch ausreichend groß zu bemessende Öffnungen erfolgen, wobei aber doch nicht der gesamte Raum zugänglich ist. Eine weitere regelmäßig am Zylinder vorzunehmende Instandhaltungsarbeit besteht in dem Abklopfen oder Erneuern der Zinkschutzplatten.

Nach etwa zwei bis dreijährigem Betrieb sind mitunter Abnutzungen im Zylinderlauf in Richtung des Kreuzkopfdruckes von 1—1,2 mm (senkrecht dazu weniger) festgestellt worden. Da dann die Kolben zum Teil anfingen zu klopfen und die Kolbenringe infolge der ovalen Form des Zylinders stärker durchließen, wurden die Büchsen erneuert. Da bei den aus einem Stück gegossenen Zylindern das Einziehen einer Büchse wegen zu geringer Wandstärke nicht möglich ist, müssen hier die

Zylinder um etwa 2 mm ausgedreht und stärkere Kolben genommen werden, um die teueren Stücke noch weiter verwenden zu können. Ein anderer Vorteil der Bauart mit eingezogener Büchse ist die Möglichkeit des Einzelersatzes bei Fressen oder einer anderen Beschädigung der Büchse oder bei Reißen des Zylindermantels.

Nachteilig und daher möglichst zu vermeiden ist das seitliche Aneinandergießen zweier Zylinder ohne dazwischenliegenden Kühlwasserraum, wie aus der einen Querschnitt durch die Zylinder einer Einblasepumpe darstellenden Fig. 47 ersichtlich ist. Wenn hier ein geringer Mangel in der Schmierung eintritt, so erfolgt leicht Warmlaufen an der gemeinsamen Berührungsfläche, wodurch Zylinder und Kolben unbrauchbar werden können.

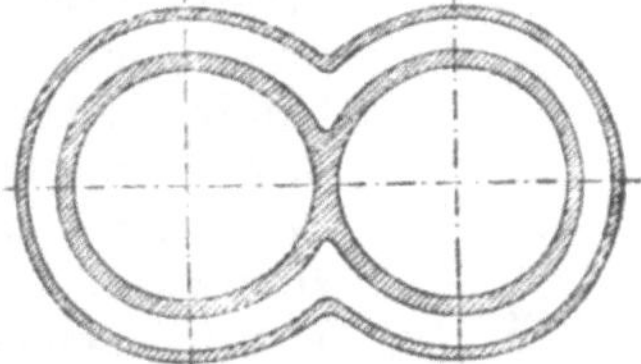

Fig. 47. Querschnitt durch Einblasepumpenzylinder.

Da die Zylinder die großen Gasdrücke nach den Wellenlagern zu übertragen haben, müssen sie ausreichend kräftig gebaut sein. Besonders gilt dieses für die Übergänge des zylindrischen Teiles zu den Flanschen oder Ansatzstellen des Kühlwassermantels, an denen oft Risse beobachtet sind. Fig. 48 zeigt einen Zylinder, der an der Kühlmantelanschlußstelle häufig gerissen ist, Fig. 49 zeigt seine Abänderung. Zu dem häufigen Reißen der Ausführungsform Fig. 48 hat auch der Umstand beigetragen, daß die Zylinderwandung sich stärker erwärmt und ausdehnt als der Kühlraummantel und infolgedessen zusätzliche Spannungen in diesem (außer dem Anteil an der Übertragung der Gasdrücke) auftreten. Man entschloß sich deshalb dazu, den Kühlraummantel etwas zu verstärken und eine besondere Büchse nach Fig. 49 einzuziehen. Durch Kernverlagerung verminderte Wandstärken haben oft nach mehrjährigem Betriebe noch Auftreten von Querrissen zur Folge, ebenso schon vorhandene feine Risse im Stahlguß, weshalb die Gußstücke wie die der Kastengestelle eingehend geprüft werden müssen. Kernverschraubungen und sonstige in den Kühlwasserraum hineinragende Teile müssen zur Vermeidung von elektrischen Anfressungen vorher gut verzinnt oder verbleit

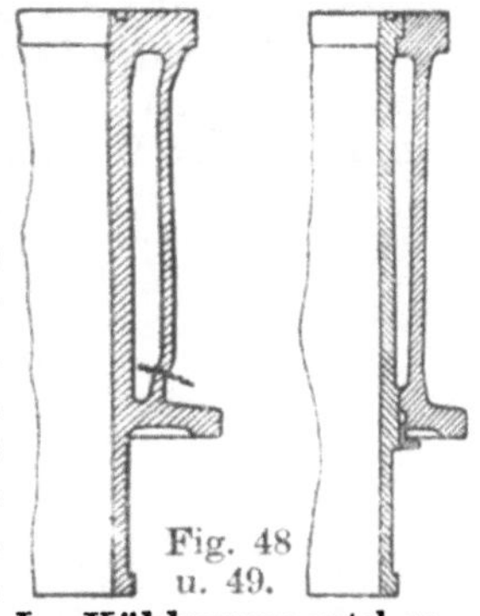

Fig. 48 u. 49. Im Kühlraummantel gerissener Zylinder und seine verbesserte Ausführung.

werden, sie sollen auch möglichst aus dem gleichen Material hergestellt sein wie ihre Umgebung, also aus Schmiedeeisen für Stahlguß-, aus Bronze für Bronzezylinder. Das gleiche gilt für Schmieröl- und Indikatorstutzen, die durch den Kühlwasserraum hindurch in das Zylinderinnere führen. Beide müssen eine große Wandstärke erhalten und gut verzinnt sein, damit sie nicht durchgefressen werden und Kühlwasser durch ihre Bohrung in den Zylinder eintritt. Bei Grundüberholungen sind die eingeschraubten Stutzen herauszunehmen und zu

prüfen und falls erforderlich, neu zu verzinnen. In mehreren Fällen
wurden sämtliche Schmierölstutzen entfernt und die Löcher dicht gesetzt, weil die Stutzen schon nach kurzer Betriebszeit durchgerostet
waren. Etwa verwandte kupferne Dichtungsscheiben sind
ebenfalls zu verzinnen.

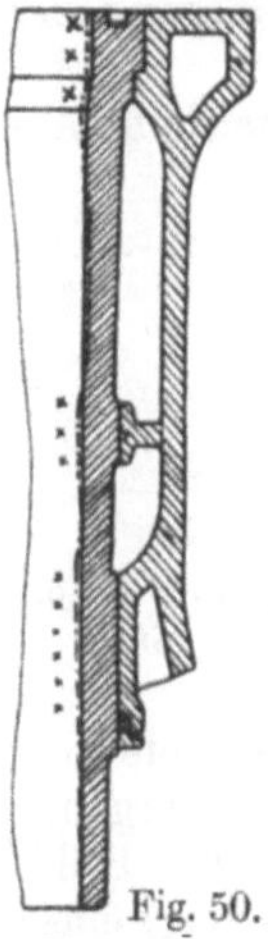

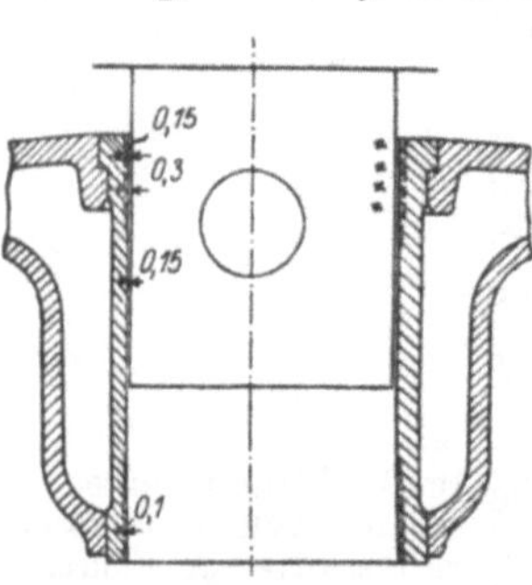

Fig. 50.
Formände-
rung einer
Zylinder-
büchse durch
Erwärmung.

Die Abdichtungen der Zylinderlaufbüchse im Zylindermantel oben durch einen kupfernen oder Klingeritring,
unten durch eine Stopfbüchse mit Gummiring (vgl. Fig. 50)
hat im Betrieb nie Schwierigkeiten verursacht. Es ist unnötig, und weil leicht Verziehen eintritt, nachteilig, die
Laufbüchse mit großer Kraft in den Zylindermantel ein-
zupressen. Als Anhalt kann dienen, daß für eine Büchse
von 400 mm Durchmesser ein Einpreßdruck von etwa 100 kg
ausreicht. Wenn, wie es meistens der Fall ist, der Zylinder
die Büchse nur auf einem Teil ihrer Länge umschließt, so
darf nicht vergessen werden, daß sich später bei der Erwärmung die Büchse an diesen (in der Figur mit einem
Kreuz bezeichneten) Stellen nicht oder doch nur wenig nach
außen dehnen kann. Die Büchse nimmt daher im warmen
Zustand die in der Fig. 50 strichpunktiert gezeichnete Form
an, und es tritt Festfressen des Kolbens an den abgestütz-
ten Stellen ein, wenn nicht entweder die Büchse auf ihrer
ganzen Länge ein reichliches Spiel gegenüber dem Kolben
hat oder besser noch an den erwähnten Stellen um einige
zehntel Millimeter weiter ausgedreht wird. Fig. 51 zeigt einen
Führungskolben für eine Luftpumpe und seine Laufbahn, die anfangs mit
einem Spiel von 0,3 mm im Durchmesser gegen den Kolben auf ihre ganze
Länge zylindrisch ausgedreht wurde. In der
Folge trat öfter z. B. bei geringem Ölmangel
Warmlaufen des Kolbens an der angekreuz-
ten Stelle ein. Die Büchse wurde dann nach
der in der Figur strichpunktiert gezeich-
neten Linie weiter bearbeitet, wonach das
Festfressen nicht mehr vorkam. Es ist anzunehmen, daß die Büchse nun nach der Erwärmung etwa zylindrisch wird. Es wäre
nachteilig gewesen, die ganze Büchse zylindrisch mit einem Spiel von 0,6 mm auszuführen, da dann nach der Abnutzung um so
eher ein Ersatz nötig wird. Auch ein besonders stark am Zylindermantel anliegen-
der Dichtungsring der Büchse kann bei

Fig. 51.
Spiel eines Führungskolbens
in seiner Büchse.

der Erwärmung eine Verengung der Büchse und Warmlaufen des
Kolbens verursachen.

Die Einführung des Kühlwassers in den Mantel erfolgt am besten
außerhalb des Kastengestells oder doch so, daß nicht durch Undichtheiten der Kühlleitungen Wasser in die Kurbelwanne laufen kann.

Es muß aber besonders bei größeren Zylindern durch Einbau geeigneter Führungsbleche im Innern des Kühlwasserraumes dafür gesorgt werden, daß überall eine Wasserströmung vorhanden ist, damit nicht Versandung des Teiles unterhalb der Kühlwassereintrittsstelle und eine damit verbundene Erhitzung des Zylinderlaufes erfolgt. Bei einer Maschinentype, bei der der Kühlwassermantel tief in die Kurbelwanne hineinragte und der Kühlwassereintritt 30 cm höher außerhalb der Wanne erfolgte, bildete sich gegenüber demselben eine harte Sandschicht. Dieses wurde dann in Zukunft durch gute Führung des Kühlwassers innerhalb des Mantels verhindert.

Für die Schmierung des Zylinderlaufes reicht das von der Kurbelwelle abspritzende Öl vollauf aus. Es muß im Gegenteil durch gute Instandhaltung der Ölabstreifringe am Kolben dafür gesorgt werden, daß nicht zuviel Öl in die Zylinder gelangt, was außer einem hohen Ölverbrauch Qualmen des Auspuffes, Festbrennen der Kolbenringe usw. verursachen würde. Manche Maschinenfabriken kleiden den Kurbeltrieb sorgfältig ab und leiten auch das aus dem Kolbenbolzenlager austretende Öl durch Rohre in die Kurbelwanne, damit möglichst wenig Spritzöl an den Zylinderlauf gelangt. Der Zylinder wird dann durch eine besondere Pumpe, häufig durch den bekannten Boschöler, geschmiert. Diese Art der Schmierung wird oft bei Zweitaktmaschinen angewendet. Hier ist es besonders wichtig, die zur Schmierung des Zylinderlaufes bestimmte Ölmenge einstellen zu können, weil bei jedem Hub ein Teil des Öles, das die Zylinderwand bedeckt, durch die Auspuffgase und die Spülluft in den Auspuff befördert wird. Für die Viertaktmaschine genügt die einfachere Spritzschmierung, ohne daß es noch nötig wäre, durch besondere Bohrungen und eine Ölpumpe den Zylinder mit Öl zu versorgen. Nur aus Gründen der Vorsicht bei besonders großen Maschinen oder solchen, die öfter längere Betriebsunterbrechungen von mehrtägiger Dauer haben, wird vor und während des Anfahrens Öl an mehreren Stellen — mindestens vier bei Zylindern von etwa 500 Durchmesser — dem Zylinderlauf durch eine besondere von Hand bewegte Presse oder durch Anschluß an die Druckschmierung zugeführt. Im letzteren Falle muß die Ölzuleitung durch mindestens zwei Absperrvorrichtungen, ein Rückschlagventil vor jedem Zylinder und ein Ventil am Anfang der Ölzuleitung abstellbar sein, da sonst die Gefahr vorliegt, daß die Zylinder dauernd zuviel Öl erhalten.

Besondere Aufmerksamkeit ist der Schmierung solcher Zylinder zuzuwenden, die überhaupt kein Spritzöl von dem Kurbelgetriebe erhalten können, wie es der Fall ist bei den oberen Stufen der Einblaseluftverdichter oder bei Arbeitszylindern, unter denen sich eine besondere Führung oder ein Spülpumpenkolben befindet. Die Schmierung ist hier noch dadurch erschwert, daß der Kolbenkörper nicht am Zylinder anliegt, und das Öl demnach nicht durch den Kolben verteilt werden kann. Da zwischen Kolben und Zylinderlauf etwa $0{,}5 \div 1$ mm Spiel vorhanden ist, liegen nur die Kolbenringe an. In einem Falle war bei unzureichender Schmierung infolge von mangelhaftem Arbeiten der

Ölpumpen eine Abnutzung der Kolbenringe um 2÷4 mm nach etwa 100 Betriebsstunden und gleichzeitig eine starke Abnutzung des Zylinders selbst beobachtet worden. Auch bei gutem Arbeiten der Ölpumpen mußten die Ringe bei dieser Maschine nach etwa einjährigem Betrieb ersetzt werden.

Auch die Kolbenringe der Hochdruckstufen der Luftpumpen mußten besonders oft ausgewechselt werden. Eine Verbesserung läßt sich durch folgende Maßnahmen erreichen. Die Schmierung muß hier durch eine besondere zuverlässig arbeitende Pumpe erfolgen. Gut bewährt ist die alte einfache Bauart, bei der ein Stempel durch Sperrad und Klinke niedergeschraubt wird. An jeden Schmierölpumpenzylinder sollte man höchstens zwei Schmierstellen anschließen, da sonst die Gefahr vorliegt, daß ein Anschluß kein oder zu wenig Öl erhält. Die Zahl der Schmierstellen im Arbeitszylinder selbst darf nicht zu gering sein, da Versuche gezeigt haben, daß das Öl in einer in den Zylinderlauf gehauenen Schmiernute nur höchstens 100 mm weit rechts und links von der Bohrung gelangt. Für eine gute Ölverteilung ist es vorteilhaft, wenn das Öl nicht radial aus den Bohrungen des Stutzens austritt, sondern in Richtung des Zylinderumfanges in die Nuten einströmt, wenn also der Stutzen Bohrungen in Richtung der Zylindertangente erhält, wie Fig. 52 zeigt. Es kommt sonst leicht vor, daß das Öl an den Kolben selbst und nicht an Kolbenringe und Gleitbahn gelangt, wo es allein benötigt wird. In dem oben erwähnten Falle der schnellen Abnutzung von Kolbenringen wurde der Fehler in der Hauptsache dadurch behoben, daß an den Arbeitszylindern vier statt zwei Schmierstellen unter Benutzung des Stutzens nach der Figur ausgeführt wurden. Die Kolbenringe wurden an den Kanten abgerundet, damit sie nicht als Ölabstreifer wirkten.

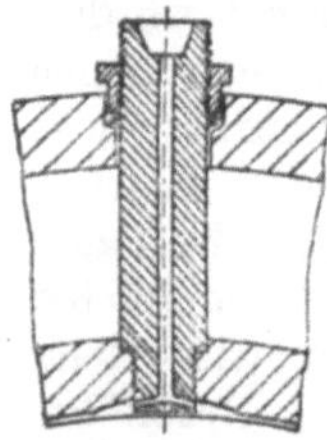

Fig. 52. Schmierölzuführung an den Zylinderlauf.

4. Schubstange und Schubstangenlager.

Die Instandsetzungsarbeiten beschränken sich auf eine Reinigung der ölführenden Bohrungen und Nachpassen der Lager.

Die Schubstange muß unbedingt durch einen Flansch mit ihrem Kurbelzapfenlager verbunden sein (vgl. z. B. Tafel II), damit der Verdichtungsraum im Zylinder leicht durch zwischen Flansch und Lager gelegte Bleche verstellt werden kann. Die Einstellung des Verdichtungsenddruckes kommt im Betriebe verhältnismäßig häufig vor, da er sich bei Auswechselung des Zylinderdeckels und seiner Dichtung, Nacharbeiten an den Lagern usw. ändert.

Der Vollständigkeit halber sei erwähnt, daß die Schrauben, die die Schubstange und beide Kurbelzapfenlagerteile zusammenhalten, stets fest angezogen werden müssen, da im Betriebe leicht Brüche dieser Schrauben infolge zu schwachen Anziehens vorkommen können. Weiter sollte die Übergangsstelle des Schraubengewindes zum Schaft keinesfalls die schwächste Stelle des Bolzens sein, da dadurch die Brüche begünstigt werden, durch die dann meist Treibstange, Kurbelwelle oder Kolben und Zylinder mit beschädigt werden. Es ist vorteilhaft, die Schrauben mit möglichst gleichem Widerstand gegen Zugbeanspruchungen auszuführen, z. B. sie außen zylindrisch zu drehen und ihnen eine Bohrung von solcher Größe zu geben, daß der verbleibende Querschnitt etwas kleiner als der des Gewindekernes ist.

Erwünscht wäre auch bei größeren Maschinen eine Teilung des Schubstangenkopfes am Kolbenbolzen, wenn dadurch das Kolbenbolzenlager — das am ungünstigsten beanspruchte Lager jeder Maschine — beim Heißlaufen ausgebaut und nachgearbeitet werden kann. Andernfalls muß zum Nachsehen des oberen Lagers jedesmal der Kolben herausgenommen werden, was bei öfter vorkommenden Störungen große Kosten und hohen Zeitverlust verursacht. Bei Zweitaktmaschinen ist diese Teilung unbedenklich, da die Lagerdeckel beider Schubstangenlager überhaupt nicht zur Anlage an ihre Lagerzapfen kommen, weil die Kraft auf die Stange stets in gleicher Richtung wirkt. Wohl aus diesem Grunde und weil die Lager beim Zweitaktverfahren noch höher belastet sind als beim Viertakt, findet sich die Teilung des oberen Schubstangenkopfes bei der Zweitaktmaschine häufig, während sie bei der Viertaktmaschine selten ist. Wenn die geschlossene Bauart des oberen Kopfes durchgeführt ist, sollte bei größeren Maschinen wenigstens das Lager geteilt sein, um Nachpassen zu ermöglichen.

Die Bohrung im Innern der Schubstange darf, wenn sie zur Ölführung nach dem Kolbenbolzen benutzt wird, nicht zu weit ausgeführt sein, da sonst die Schmierung kurz nach dem Anfahren nicht gesichert ist. Bewährt hat sich das Einsetzen eines gut dichtenden, etwa 8 bis 10 mm starken Rohres in die zur Erleichterung weit gehaltene Bohrung der Schubstange. Das innenliegende Ölrohr ist natürlich, da es besser vor beim Transport besonders häufigen Beschädigungen geschützt ist, dem außenliegenden vorzuziehen (vgl. Fig. 1÷4).

Für größere Maschinen sind fast allgemein die Schubstangenlager als mit Weißmetall ausgegossene Stahlguß- oder Bronzelagerschalen ausgeführt. Zur Erleichterung der Maschine wird in die Lagerdeckel der Schubstange das Weißmetall unmittelbar eingegossen. Die Vorzüge dieser Form vor den reinen Bronzelagern, die man außer bei kleinen auch bei ganz großen Maschinen vorfindet, sind neben geringeren Kosten im Betriebe, schnellerer Ersatzmöglichkeit, leichterem Einschaben auf den Lagerzapfen noch die besserer Schonung des Zapfens bei Warmlaufen. Ein gut gehärteter Bolzen bleibt, wenn die Erhitzung nicht zu groß wird, beim Auslaufen eines Weißmetallagers unbeschädigt, während er bei Warmlaufen eines Bronzelagers meistens riefig wird und anläuft. Für den Weißmetallausguß muß, ganz besonders für die Kolbenzapfenlager der Zweitaktmaschinen, bestes bleifreies Metall gewählt werden. Bewährt hat sich folgende Legierung: 79—80% Zinn, 5% Kupfer, 14% Antimon und 1—2% Phosphorkupfer. Ein Bleizusatz von höchstens 3% für Kurbelzapfen- und Kurbelwellenlager ist zulässig, doch

nicht erforderlich. Es wird häufig beobachtet, daß das Weißmetall
rissig wird und schließlich von der Schale abbröckelt. Da das Metall,
selbst wenn es lose geworden ist, aus den Lagern nicht herausfallen
kann, so ist es nicht erforderlich, mit der Erneuerung des Weißmetall-
ausgusses zu vorsichtig zu sein. Lager mit stark gerissenem Metall
sind noch monatelang ohne Störung gelaufen. Der Grund für das
Loslösen des Metalles liegt entweder an ungenügendem Verzinnen
der Schale vor dem Ausgießen oder aber daran, daß nach dem Aus-

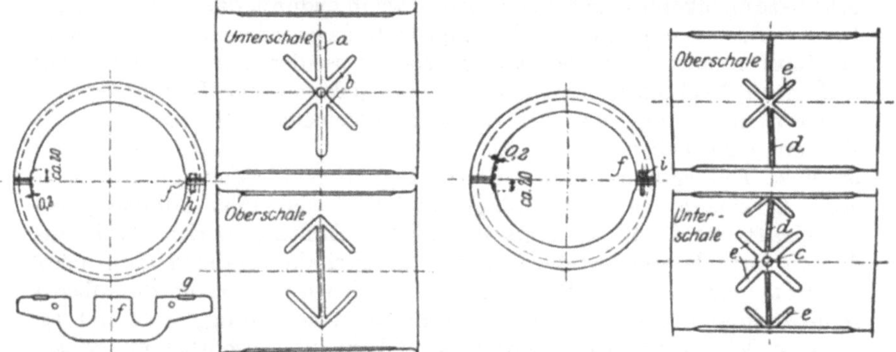

Fig. 53. Ölnuten und Beilagscheibe
des Kurbelwellenlagers einer Zweitaktmaschine.

Fig. 54. Ölnuten des Kolbenbolzenlagers einer Zweitaktmaschine.

gießen das Weißmetall zuerst am Kern erkaltet, schrumpft und sich
so von der Schale trennt. Gute Ergebnisse sind dadurch erzielt worden,
daß die Schale durch einen Wasserstrahl auf die Rückseite unmittelbar
nach dem Ausgießen abgekühlt worden ist. Auch Heizung vom hohlen
Kern aus hat den gleichen Erfolg.

Bei kleineren Maschinen ist häufig in den geschlossenen Kopf
für das Kolbenbolzenlager eine Bronzebüchse eingepreßt. Für diese
und die reinen Bronzelager, die z. B. für Pumpenantriebe häufig verwendet werden, ist folgende Zusammensetzung zu empfehlen: 85%
Kupfer, 12% Zinn und 3% Zink.

Über die Ölzuführung zwischen Lagerzapfen und Lager sind manche
Versuche ausgeführt worden. Fast jede Maschinenfabrik bevorzugt
eine andere Anordnung der Schmiernuten. Bei einigen Bauarten sind
auf der Rückseite der Lagerschale von der Ölzuführungsöffnung aus-
gehende Kanäle gehauen, von denen das Öl durch Bohrungen dem
Lagerinneren zuströmt. Bei anderen sind Ölkammern an der Trennstelle der Lagerschale angebracht, von denen aus das Öl durch den
Zapfen mitgenommen werden soll. Gut bewährt haben sich die in den
Fig. 53 und 54 dargestellten durch Einfachheit und Zweckmäßigkeit
ausgezeichneten Anordnungen. Als Beispiel sind Kurbel- und Kolbenzapfenlager einer Zweitaktmaschine gewählt. Zunächst muß dafür
gesorgt werden, daß die Kurbelwellenlager, in die bekanntlich das Öl
eingeleitet wird, und die an der Schubstange befindliche Schale des

Kurbelzapfenlagers, deren Bohrung das Öl an den Kolbenbolzen weiter leitet, gut dichtend an ihren Zapfen anliegen. In dem Kurbelzapfenlager (Fig. 53) befindet sich wie in dem Wellenlager eine Nute a von der Breite und dem Querschnitt der Ölzuführungsbohrung, die möglichst lang — aber nur im tragenden Teil der Lagerschale verlaufend — auszuführen ist, damit während der Umdrehung die Ölzuführung auf einem großen Winkel erfolgt. Die schmaleren und verhältnismäßig kurzen Kreuznuten b sorgen für eine gute Ölverteilung innerhalb der Unterschale. Die Oberschale erhält während der Umdrehung der Kurbel ihr Öl unmittelbar aus der Bohrung des Kurbelzapfens. Die Nutenausführung sollte hier möglichst einfach sein, da sie von geringerer Bedeutung ist. Bei guter Arbeitsausführung erhält man bei stillstehender Maschine fast den vollen Druck der Pumpe in der Schubstange. Dem Kolbenbolzenlager (Fig. 54) ist wegen seiner Lage und Bewegung das Öl am schwierigsten zuzuführen. Von der weiten mittleren Bohrung c in seiner Unterschale geht eine rund herumlaufende schmale Nute d aus, an die sich oben, unten und zu beiden Seiten im Lager kurze breitere kreuzförmige Verteilungsnuten ansetzen. Es kommt nun darauf an, unten im Lager, also an der Anlagestelle des Zapfens einen möglichst hohen Öldruck zu erreichen bzw. dort das meiste Öl zu behalten. Die das Öl abführende Ringnute d darf darum nur schmal sein. Die Kreuznute muß im tragenden Teil der unteren Schale bleiben, der sich bis etwa 10—20 mm von der Lagertrennfuge hin erstreckt.

Welche Lagertemperatur ist zulässig? Es kommt natürlich nicht auf die Temperatur an, sondern darauf, daß das Lagermaterial unverändert bleibt, daß also bei Weißmetall die Schmiernuten nicht dicht geschoben werden, wonach bald Auslaufen des Lagers eintreten würde, und daß bei Bronzelagern kein Fressen erfolgt. Im allgemeinen kann man bei guten Maschinen, nachdem sie längere Zeit mit voller Belastung gefahren sind, Kurbelwellen- und Kurbelzapfenlager noch dauernd mit der Hand berühren, während die Kolbenbolzenlager nur noch für Augenblicke angefaßt werden können. Durch Vergleich mit den übrigen Lagern und durch die Beobachtung, ob noch Öl durch das Lager gedrückt werden kann, stellt man leicht fest, ob eine Störung vorliegt.

Zwischen den Lagerschalen müssen in einer Schicht von mehreren Millimetern Stärke Bleche f liegen, deren Dicken nach Art der Gewichtssätze abgestimmt sind. Durch Herausnehmen einer oder mehrerer Zwischenlagen kann ein Lager bei Abnutzung leicht nachgestellt werden. Stärkere Bleche sind an den Enden mit einem schmalen Weißmetallausguß g zu versehen, damit sie zur Vermeidung von Ölverlusten dicht an den Zapfen geschoben werden können. Die Beilagen müssen am Kurbelzapfen herausgenommen werden können, ohne daß hier der Lagerdeckel ganz abgenommen zu werden braucht, sie dürfen also beispielsweise die Lagerschrauben nicht vollständig umfassen. Sie werden durch einen Stift h gehalten (vgl. Fig. 53). Da zum Nachpassen des Kolbenbolzenlagers doch die Stange ausgebaut werden muß, sind die Beilagen hier meist durch Schrauben i (Fig. 54) befestigt.

Für die mit Weißmetall ausgegossenen Kurbelzapfenlager hat sich bei Neueinstellung ebenso wie für die Kurbelwellenlager bei Zweitakt- und Viertaktmaschinen ein Spiel von 0,1—0,2 mm bei einer Zapfenstärke von etwa 200 mm bewährt. Der Kolbenbolzen einer Viertaktmaschine von etwa 150 mm Durchmesser erhält ein Spiel von 0,05 bis 0,12 mm; bei dem einer Zweitaktmaschine, der im allgemeinen höherer Erwärmung ausgesetzt ist, wird von vornherein ein Spiel von 0,2 mm gegeben. Besonders vorsichtig ist bei Bronzelagern, vor allem den Bronzebüchsen der Maschinen, mit ungekühlten Kolben zu verfahren. Hier ist bei Zapfen von 50 mm Durchmesser ein Spiel von mindestens 0,15 mm gegeben. Bei anderen Bronzelagern, z. B. denen für die stärkeren Kolbenzapfen der Luftpumpen war ein Spiel von 0,2 mm erforderlich. Damit bei den Erprobungen nicht Störungen durch Warmlaufen und dadurch erforderlich werdendes Wiederausbauen und Nacharbeiten der Lager vor allem der Kolbenbolzenlager eintreten, empfiehlt es sich, diese Spiele vorher mit einer Fühlerlehre nachzuprüfen. An seitlicher Lose erhält das Kurbelzapfenlager insgesamt etwa 5 mm, das Kolbenbolzenlager etwa 1 mm.

Die Lagerlose wird nach längerem Betrieb an einem 1—2 mm starken Bleidraht gemessen, der zwischen Lagerzapfen und Lager gelegt und durch Anziehen des Lagerdeckels breit gedrückt wird. Zu beachten ist dabei, daß bei unrunden Zapfen das Lagerspiel an mehreren Stellen gemessen werden muß.

Wie weit die Lagerabnutzung fortgeschritten sein kann, bis ein Nachpassen der Lager stattfinden muß, hängt von dem Verhalten der Maschine und der Größe der Ölpumpe ab. Bei zu großem Spiel fangen Kurbelzapfen- und Kolbenbolzenlager bei Viertaktmaschinen zu Beginn des Saughubes und zu Beginn des Verdichtungshubes an zu klopfen. Bei Zweitaktmaschinen kommt ein Klopfen infolge zu geringer Lagerlose nicht vor, da die Lagerdeckel infolge des beständig von oben wirkenden Druckes nicht zur Anlage kommen. Bei größer werdendem Lagerspiel entweicht ferner immer mehr Schmieröl, sodaß schließlich die Pumpe den vorgeschriebenen Druck nicht mehr halten kann, und der Zylinderlauf durch Abschleudern zu viel und der Kolbenbolzen infolge Nachlassens des Öldruckes in der Schubstange zu wenig Öl erhält. Bei den schnellaufenden Zweitaktdieselmaschinen mußte das Nachpassen der Lager bei einem Spiel von 0,3 bis 0,5 mm erfolgen.

5. Kolben- und Kolbenbolzen.

Die Decken der Arbeitskolben müssen äußerlich einigemal im Jahr durch die Ventilöffnungen im Zylinderdeckel von der Ölkruste befreit werden. Dabei ist darauf zu achten, daß nicht der Ölkoks an den Zylinderlauf gelangt und diesen verkratzt. Etwa alle Jahr bei den Grundinstandsetzungen werden die Kolben ausgebaut. Dabei wird das Spiel des Kolbens im Zylinder gemessen, die Kühlwasserräume werden gereinigt und die Kolbenringe und Kolbenbolzen nachgesehen.

Das für einen Kolben geeignete Spiel, das natürlich so gering
wie möglich gewählt wird, hängt außer von der Erwärmung des Kolbens
und Zylinders noch von der Genauigkeit und Güte der Arbeit in der
Werkstatt der Herstellungsfabrik ab. Ein ungekühlter Kolben von
250 mm Durchmesser erhält am Boden ein Spiel von 1 mm; der die
Ringe tragende Teil läuft bis zum letzten Ring konisch auf den zur
Führung dienenden zylindrischen Teil zu, der etwa 0,3 mm kleiner ist
als der Zylinderdurchmesser (Fig. 55). Für einen gekühlten Kolben
von 500 mm Durchmesser, der ebenso wie der
Zylinderlauf sauber und genau geschliffen war,
reichte ein Spiel von 0,35—0,4 mm im zylindrischen Teil aus, während bei weniger guter
Arbeit 0,5—0,6 mm Spiel vorgesehen werden
mußte. Am oberen Ende ist das Spiel etwa
0,2 mm größer als im zylindrischen Teil. In
der Umgebung der beiden Kolbenbolzenenden
wird der Kolben abgeflacht, um das hier am
leichtesten auftretende Festfressen zu vermeiden. Das Kolbenspiel darf nicht durch
Messung des Zylinderdurchmessers und des
Kolbendurchmessers und Bildung des Unter-
schiedsbetrages festgestellt werden, da selbst
bei geübten Leuten größere unvermeidliche
Meßfehler vorkommen. Der Kolben wird
vielmehr in Mittelstellung ohne Kolbenringe
in den Zylinder geschoben und das Spiel
durch Dazwischenschieben des passenden

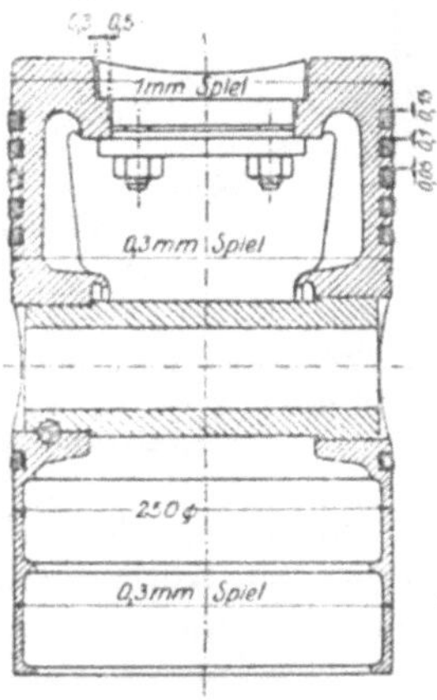

Fig. 55.
Kolben mit eingesetztem
schmiedeeisernen Boden.

Blechstreifens einer Fühlerlehre ermittelt. Dabei ist zu beachten,
daß der Zylinderlauf nach längerem Betriebe nicht mehr genau
rund ist, daß sich in dem Teil, den die Kolbenringe nicht be-
streichen, ein Ansatz bildet und daß die Abnutzung in Richtung
des Kreuzkopfdruckes am größten ist. Vor zu geringem Kolbenspiel
muß auch aus dem Grunde gewarnt werden, weil nach dem Abstellen
der Maschine durch ungeschickte Bedienung infolge zu starken Nach-
kühlens der Zylinder und geringen Kühlens der Kolben der Zylinder
stärker schwindet und der Kolben sich festsetzt. Eine Erneuerung
des Kolbens wegen zu großer Lose ist erst dann nötig, wenn er an-
fängt stark zu klopfen, was erst nach mehrjährigem Betriebe zu erwarten ist. Wie schon früher erwähnt, sind Kolben mit einem Spiel
von über 1 mm noch gut gelaufen. Da sich sowohl der Kolben wie
die Laufbüchse abnutzt, so könnte es fraglich werden, welcher Teil
bei zu großer Gesamtlose ersetzt werden sollte. Nun nutzt sich im allgemeinen die Zylinderbüchse mehr ab als der Kolben. Dieser ist auch
das teurere Stück, so daß in den meisten Fällen neue, etwas engere
als die ursprünglichen Büchsen eingezogen wurden. Nur wenn die
Arbeit besonders schnell ausgeführt werden mußte und die ausgebauten
Kolben wieder für eine andere Maschine verwandt werden konnten,

sind stärkere Kolben eingebaut, was natürlich nur möglich war, wenn die Büchse nicht zu sehr unrund gelaufen war.

Es ist dafür zu sorgen, daß sich möglichst wenig Verunreinigungen im Kühlraum des Kolbens absetzen können, da sonst die Kühlwirkung erheblich nachläßt und Reißen der Kolbenböden zu befürchten ist.

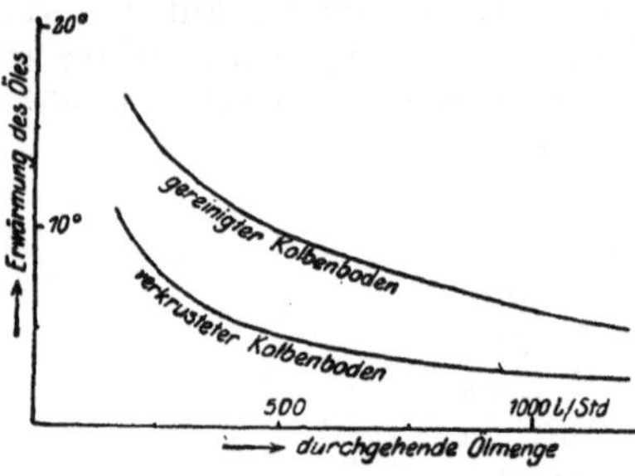

Fig. 56. Verminderung der Kühlwirkung bei einem mit Ölkoks verkrusteten Kolbenboden.

Das zur Kolbenkühlung verwendete Wasser muß kesselsteinfreies Süßwasser sein. Bei Versuchen, mit Salzwasser zu kühlen, würde man wohl wegen der zu befürchtenden Anfressungen und Ablagerungen im Kolben auf große Schwierigkeiten stoßen. Bei Ölkühlung ist zu beachten, daß die Kolben nach dem Stillsetzen der Maschine durch Anstellen der Reservepumpen besonders gut nachgekühlt werden, da sich sonst eine Ölkruste im Kühlraum am Kolbenboden bildet. Die Verminderung der Abkühlung durch eine 3—4 mm starke Ölkruste im inneren Kolbenboden zeigt das in der Fig. 56 dargestellte Versuchsergebnis. Der äußere Boden einer Kolbenkappe (Fig. 57) wurde mit Dampf auf der gleichbleibenden Temperatur von 140° gehalten, durch die Kappe Öl gepumpt und die Erwärmung desselben einmal mit verunreinigtem, das andere Mal mit gereinigtem Boden gemessen. Die Kühlwirkung ist durch die Ölkruste etwa auf die Hälfte zurückgegangen. Die Gefahr, daß Kolbenböden von Viertaktmaschinen infolge von mangelhafter Kühlung reißen, ist, selbst wenn sich Ölkrusten von mehreren Millimetern Stärke im Kolbenkühlraum absetzen, nicht sehr groß; dagegen treten bei Zweitaktmaschinen, namentlich wenn die Kolben mit Öl gekühlt sind, mitunter Risse auf. Bei Zweitaktmaschinen ist daher die Teilung

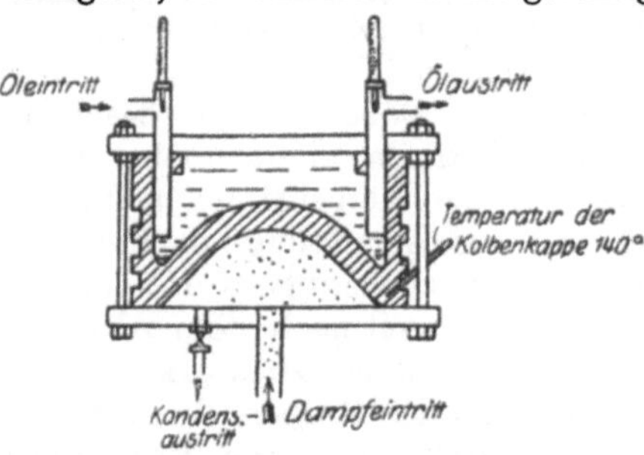

Fig. 57. Verminderung der Kühlwirkung bei einem mit Ölkoks verkrusteten Kolbenboden.

des Kolbens in einen oberen schmiedeeisernen Teil, der die Ringe trägt und die Kühlkammer enthält, und den unteren gußeisernen, der die Führung übernimmt und in den der Kolbenbolzen eingesetzt ist, sehr zu empfehlen. An schmiedeeisernen Kolbenböden (vgl. Tafel VI) sind hier keine Risse beobachtet. Die Kolbenkappe wird mit dem unteren Teil durch mit Vierkantbund gesicherte Stiftschrauben verbunden, deren Muttern von außen lösbar in Taschen der Kappe angebracht sind. Diese müssen mit dem Kolbeninneren durch ölabführende

Bohrungen verbunden sein. Die Abdichtung der Kappe durch einen Kupferring ist einfacher als durch Aufschleifen.

Die schmiedeeisernen Kappen müssen ein so großes Spiel im Zylinder erhalten, daß sie auch nach der Erwärmung nicht die Wandung berühren. Versuche bei Zweitaktmaschinen, das Öl mit größerer Geschwindigkeit in Spiralen am Kolbenboden entlang zu führen, haben eine Erhöhung der Lebensdauer des Kolbens gebracht. Die Maßnahme ist daher auch für größere Viertaktmaschinen zu empfehlen. Ebenso hat sich das Aufschrauben eines besonderen gegen die Wärme schützenden Deckels auf die Zylinderseite des Kolbenbodens bei kleineren Maschinen bewährt (Fig. 58). Dieser Mantel mußte allerdings öfter erneuert werden. Auch das Einsetzen eines schmiedeeisernen Bodens in ungekühlte Kolben (Fig. 55) ist zweckmäßig, doch ist hierbei so zu bauen, daß durch Wärmedehnung keine Undichtheiten erfolgen können.

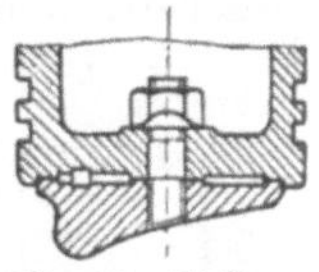

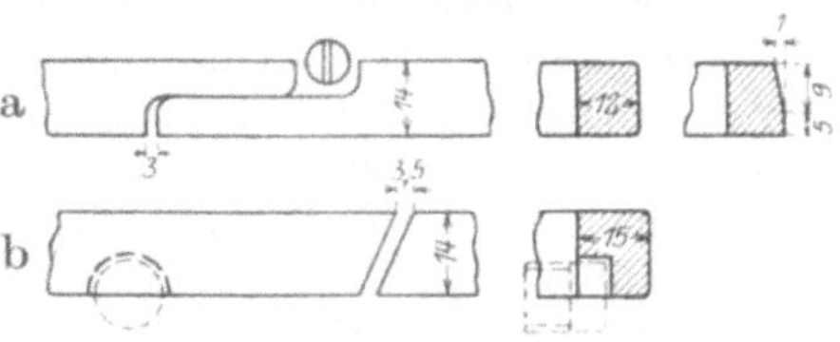

Fig. 58. Kolben mit schmiedeeiserner Schutzkappe.

Es wäre noch auf die Frage einzugehen, ob am Kolben Schmiernuten anzubringen sind. Es sind sowohl Kolben mit wie ohne Schmiernuten gut gelaufen, wobei allerdings nicht beobachtet werden konnte, ob die mit Nuten versehenen Kolben sich weniger abnutzten. Im allgemeinen wurden einige nur im tragenden Teil im Abstand von 100—150 mm von einander verlaufende parallele Nuten (in Ebenen senkrecht zur Achse) mit gut abgerundeten Kanten angebracht.

Die Kolbenringe müssen in ausreichender Stärke aus einem bewährten Material hergestellt sein, da sie sonst besonders an den Stoßstellen leicht zerbrechen und Kolben und Zylinderlauf beschädigen. Brauchbare Abmessungen für Kolbenringe von 400—500 Durchmesser sind aus Fig. 59 ersichtlich. Die Schlitzbreite an der Stoßstelle muß nach dem Einschieben des Kolbens in den Zylinder 2—3 mm betragen, damit durch Ausdehnung der Ringe bei

Fig. 59.
Kolbenringe mit Sicherung.

Erwärmung nicht eine Berührung der Enden eintritt, wobei der Ring zerbrechen würde. Aus demselben Grunde erhalten die beiden oberen Ringe in axialer Richtung ein Spiel von 0,1—0,15 mm, die übrigen sollen sich leicht schließend in ihren Rillen bewegen lassen. Die Ringe werden gegen Drehung durch einen kräftigen in den Kolbenkörper eingeschraubten Stift gesichert, der wiederum sorgfältig vor dem Herausfallen geschützt sein muß. Besonders zweckmäßig ist die in Fig. 59b dargestellte Sicherung. An der Stelle, an welcher der Stift in den Kolben eingebohrt ist, muß dieser durch eine Warze verstärkt sein. Es ist öfter vorgekommen, daß Störungen durch Austritt von Öl oder Wasser bei den Sicherungsstiften erfolgten. Der letzte Kolbenring und ein unten am Kolben angebrachter zweiter Ring dienen im

allgemeinen zur Ölabstreifung. Der zylindrische Teil dieser Ringe
soll nicht breiter sein als die halbe Höhe (Fig. 59a). Ist diese Breite
infolge von Abnutzung überschritten, so muß der Ring ausgewechselt
werden, da er dann infolge verringerten Anlagedruckes nicht mehr
genügend wirkt. Da die Kolbenringe aus einem weicheren Material
als der Zylinderlauf hergestellt sein müssen, nützen sie sich je nach
Betriebszeit, Härte und Schmierung nach einigen Jahren ab und wurden
erneuert, wenn die Schlitzweite auf höchstens 10 mm gestiegen war,
was einer Verringerung der Ringdicke um etwa $1^1/_2$ mm
entspricht. Im allgemeinen werden wenig Störungen
durch die Kolbenringe der Arbeitskolben veranlaßt.
Nach dem Ausbau der Kolben mußten meist nur
wenige, die sich festgeklemmt und schlecht am Zylin-
derumfang angelegen hatten, ausgewechselt werden.
Das Festsetzen der Ringe erfolgt häufig durch Festbrennen infolge schlechter Verbrennung oder durch zu
starke Schmierung. Besonders empfindlich gegen Undichtheit der Kolbenringe sind die Einblasepumpen,
die bei schlechtem Tragen der Ringe die erforderliche
Luftmenge nicht mehr schaffen. Hier mußten häufig
die Kolben herausgenommen und die nicht gut dichtenden Ringe durch neue ersetzt werden, die vorher in
den Zylinder durch Befeilen ihres Umfanges eingepaßt wurden. Häufigere Auswechslung der Kolbenringe
war nur da erforderlich, wo die Schmierung ungenü-

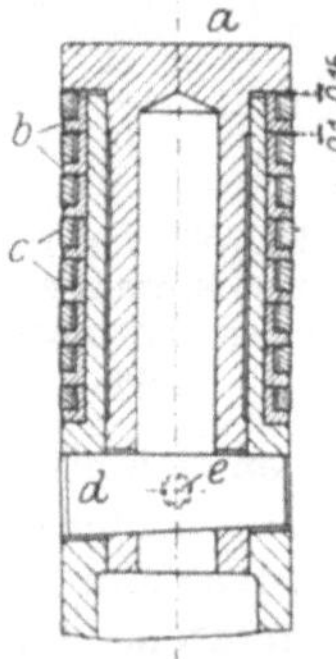

Fig. 60. Befesti-
gung des Kolben-
deckels der obe-
ren Verdichter-
stufe.

gend war, ein Fall, der mitunter für die oberen Stufen der Einblasepumpen zutrifft. Der Kolben muß deshalb so konstruiert sein, daß
zur Auswechslung der Ringe nicht der ganze Luftpumpenkolben ausgebaut zu werden braucht. Die Vorrichtung zum Festziehen der Kammerringe und der darin liegenden Kolbenringe muß von außen, nicht,
wie fast allgemein üblich, vom Kolbeninneren aus lösbar sein. Eine
brauchbare Lösung ist, Anziehen des Kolbendeckels a samt Kammer-
und Kolbenringen b und c durch einen von der Seite in den Kolbenkörper eingeschlagenen Keil d, wie aus Fig. 60 ersichtlich ist.
Der Keil muß durch eine wiederum gesicherte Schraube e gehalten
werden. Eine andere Möglichkeit besteht in der Befestigung des Kolbendeckels durch eine von oben lösbare Schraube. Besondere Sorgfalt
ist auf die Sicherung zu verwenden, da bei dem kleinen schädlichen
Raum durch ein geringes Lösen der Befestigungsvorrichtung schwere
Beschädigungen eintreten.

Es ist vorgekommen, daß eine ganze Lieferung von Kolbenringen
aus ungeeignetem Material bestand, und daß daher die meisten Ringe
schon nach wenigen Tagen zerbrachen und viele Beschädigungen ver
ursachten. Die Festigkeitsprüfung allein schützt nicht vor solchen
Zufällen, da in dem angeführten Falle die Ringe die gleiche Festigkeit
hatten wie gut bewährte. Im allgemeinen wird es ausreichen, gelegent-
lich eine Festigkeitsprüfung vorzunehmen und durch ein an das eine

Ende des Ringes angehängtes Gewicht, das diesen zusammenzieht, zu ermitteln, ob der Kolbenring die von der Maschinenfabrik vorgeschriebene Spannung hat.

Die Zuführung der Kühlflüssigkeit zum Kolbenboden erfolgt durch Posaunen- oder durch Gelenkrohre (vgl. Tafel II). Diese letzte einfachere Bauart ist nur anwendbar, wenn zum Kühlen Schmieröl benutzt wird, da sie immer etwas Öl durchläßt, was natürlich ohne Schaden anzurichten in die Kurbelwanne abfließen kann. Ein Nacharbeiten der Gelenke wegen zu großer Undichtheit ist nur sehr selten nötig. Wenn die Kolben mit Wasser gekühlt werden, muß die Zuführung durch außerhalb der Kurbelwanne liegende Posaunen erfolgen, damit Vermischung des Öles mit Wasser vermieden wird. Eine Posaunendichtung ist in Fig. 61 dargestellt. Die Einrichtung ist meist so getroffen, daß sich am Arbeitszylinder Kammern a für den Zu- und Ablauf befinden, in denen sich die mit dem Kolben fest verbundenen Posaunen b hin und her bewegen. Die Abdichtung gegen die Kammern erfolgt am besten durch mehrere hintereinandergelegte Ledermanschetten c, die in einer Stopfbüchse d zusammengefaßt sind. Zwischen dieser

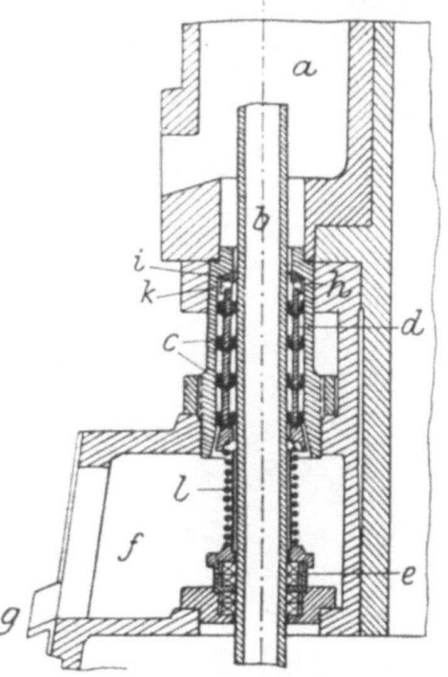

Fig. 61.
Posaunendichtung.

Stopfbüchse und einer zweiten e, die die Posaune gegen die Kurbelwanne abdichtet, befindet sich eine Kammer f, aus der etwa durchtretendes Wasser durch das Rohr g in den Sammelbehälter abgeleitet wird, ehe es in den Ölraum eintreten kann. Meistens werden die Ledermanschetten durch eine Mutter im Stopfbüchsengehäuse h zusammengedrückt, was bei gut im Zylinder passenden Kolben und genau seiner Achse parallelen Posaunen unbedenklich ist. Dagegen traten Störungen durch häufige Undichtheiten an den Posaunen auf, wenn der Kolben durch Abnutzung eine größere Lose im Zylinder erhielt. Für diese Verhältnisse ist die Stopfbüchse der Figur durch die Ringe i und k nach den Seiten frei beweglich und etwas drehbar eingerichtet. Die Stopfbüchsenteile werden durch die Feder l zusammengehalten. Vor und hinter jedem Kolben müssen Windkessel in der Wasserleitung angebracht sein, die die infolge der Bewegung der Posaunen auftretenden hohen Drücke etwas vermindern. Es ist ersichtlich, daß diese Bauart umständlicher und teurer als die der Gelenkrohre ist. Sie gibt natürlich auch öfters zu Störungen Veranlassung als diese, dadurch daß die Stopfbüchsen nachgepackt werden müssen.

Es wäre noch darauf hinzuweisen, daß auch das Süßwasser Anfressungen in den Rohrleitungen hervorruft. Es ist danach erforderlich, die gesamte Wasserführung auch im Kolben so zu bauen, daß ihre Teile entweder leicht auswechselbar oder gut zu konservieren sind. In den Kolben eingebohrte Kanäle sind des öfteren durchfressen worden, so daß das Wasser aus den Löchern in das Schmieröl gelangte. Fig. 62 zeigt einen durchgeschnittenen Kolben, bei dem besonders der Kanal für das eintretende Kühlwasser sowie die Dichtungsstellen am Eingang der Kanäle angefressen sind. Die ersten Anfressungen rühren von dem Sauerstoffgehalt des Wassers her, die zweiten sind elektrischen Ursprungs infolge der hier verwandten unverzinnten kupfernen Dichtungsscheiben. Eiserne Rohre und Stutzen der Wasserleitung sind, soweit sie sich innerhalb der Kurbelwanne befinden, zu verzinnen, ebenso die kupfernen Dichtungsscheiben. Die Posaunenrohre selbst sind aus hochprozentigem Nickelstahl oder nichtrostendem Spezialstahl anzufertigen.

Fig. 62.
Kolben einer Uboots Zweitaktmaschine
mit Anfressungen.

Der Kolbenbolzen muß so hart sein, daß er bei einem leichteren Fressen seines Lagers unbeschädigt bleibt. Für ihn muß eine Härte von mindestens 500 nach Brinell gefordert werden, ermittelt mit einer durch eine Kraft von 3000 kg eingedrückten Kugel von 10 mm Durchmesser. Bolzen von 400 Härte sind schon bei geringem Warmlaufen eines Weißmetalllagers riefig geworden. Die Härteschicht soll 1—2 mm tief sein, damit der Bolzen gegebenenfalls nachgeschliffen werden kann. Damit dieses überhaupt möglich ist, muß der Bolzen abgesetzt sein, d. h. der Lauf muß einen um mindestens 2 mm größeren Durchmesser erhalten, als das zuerst in den Kolben eingeführte Bolzenende (vgl. Fig. 55). Diese Forderung ist besonders bei kleinen Maschinen oft außer acht gelassen. Der Bolzen wird dann bei einer geringen Beschädigung oder Abnutzung schon unbrauchbar. Ein weiterer häufig beobachteter Mangel ist das Losewerden der Kolbenbolzen in den am Kolben angegossenen Augen. Wenn hier einmal eine geringe Lose eintritt, ist das Auge bald oval geschlagen. Zur Instandsetzung mußte ein neuer stärkerer Bolzen angefertigt werden, was unerwünscht ist, da dann die Bolzen nicht mehr untereinander gleich sind. Der Mangel ist durch gute Werkstattarbeit zu vermeiden. Der geschliffene Kolbenbolzen wird in das ebenfalls geschliffene Kolbenauge sorgfältig mit Festsitz eingepaßt. Die Vorrichtung zum Festhalten des Bolzens, meistens ein von außen eingeschlagener Keil oder konischer Stift, muß so hergerichtet sein, daß das Kolbenauge durch sie nicht oval gezogen werden kann. Zweckmäßig ist ein nicht zu starker konischer Stift zu verwenden, an den oben und unten (in Richtung der Kolbenachse) Flächen gearbeitet sind. Als Eigenheit soll erwähnt werden, daß ein- oder zweimal Kolben ausgebaut wurden, bei denen der Kolbenbolzen infolge eines Härtefehlers in der Mitte durchgebrochen war. Mit diesem gebrochenen Bolzen, der nur in den Kolbenaugen festsaß, war die Maschine längere Zeit gelaufen. Die Bolzen sind darum vor dem Einbau genau auf Härterisse zu prüfen.

6. Zylinderdeckel.

Die Instandsetzungsarbeiten am Zylinderdeckel beschränken sich auf eine gelegentliche Reinigung der Kühlwasserräume und Erneuerung der Zinkschutzplatten. Für die Reinigung müssen Öffnungen in genügender Zahl und Größe vorgesehen sein. Bei einer Deckelbauart mußte das Wasser zwischen den Ventilen sehr enge Querschnitte durchströmen. Hierbei hat es sich als sehr vorteilhaft erwiesen, daß die Brennstoffventilpfeife zwecks Reinigung herausnehmbar eingerichtet war, da andernfalls bei diesen Deckeln die Kühlung wohl bald versagt haben würde. Bei der Grundinstandsetzung werden die Deckel abgebaut und dabei auf Risse untersucht. Weiter wird, falls erforderlich, eine Durchspülung der Innenräume mit verdünnter Salzsäure und Wasser vorgenommen, um angesetztes Salz und Kesselstein abzulösen.

Gußeiserne Zylinderdeckel für kleinere Maschinen haben kaum Anstände ergeben. Mit der Vergrößerung des Zylinderdurchmessers und dem Einbringen größerer Ventilausschnitte wachsen die Schwierigkeiten, ganz besonders bei den Zweitaktmaschinen. Zur Vermeidung von Rissen im Boden muß der Deckel ausreichend kräftig gebaut sein. Weiter ist zu beachten, daß die Strömungsquerschnitte für das Kühlwasser so bemessen werden, daß längs des Bodens eine große Wassergeschwindigkeit auftritt, damit dieser möglichst kühl gehalten wird. Als Baustoff für die Deckel der schnellaufenden Zweitaktmaschinen scheint sich auf die Dauer nur Stahlguß oder Schmiedeeisen zu bewähren. In Bronzedeckeln sind mitunter schon nach einjährigem Betrieb, in gußeisernen Deckeln bei kleinerem Zylinderdurchmesser nach etwa zweijähriger Betriebszeit Bodenrisse aufgetreten (Fig. 63). Allerdings kann ein Deckel noch längere Zeit nach dem ersten Auftreten der

Risse weiter benutzt werden. Er wird erst dann unbrauchbar, wenn
Kühlwasser in den Zylinder gelangen kann oder wenn der Riß an einem
Ventil auftritt und Verbrennungsgase in den Ventilraum schlagen.
Aber auch im letzteren Falle ist noch Weiterverwendung für lange
Zeit durch Änderung der Dichtung nach Fig. 64 möglich, wenn der Riß

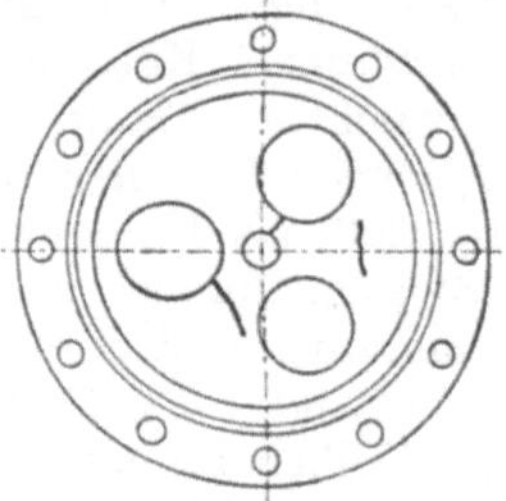

Fig. 63.　Bodenrisse im Zwei-
taktmaschinendeckel.

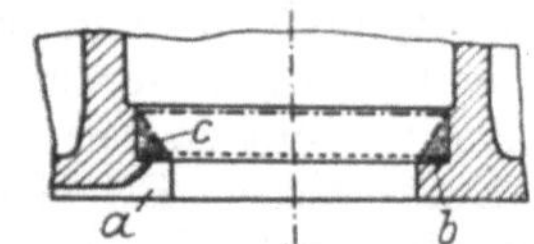

Fig. 64. Abdichtung des Ventil-
raumes eines gerissenen Zwei-
taktmaschinendeckels.

nicht zu weit durchläuft. a ist die Rißstelle, b der ursprünglich benutzte Dichtungsring. Durch den nun verwandten konischen Ring c
aus weichem Kupfer wird die vertikale noch nicht gerissene Wand
des Ventileingusses zur Dichtung herangezogen. Versuche, die Risse
autogen dicht zu schweißen, sind erfolglos geblieben, weil sich die Deckel

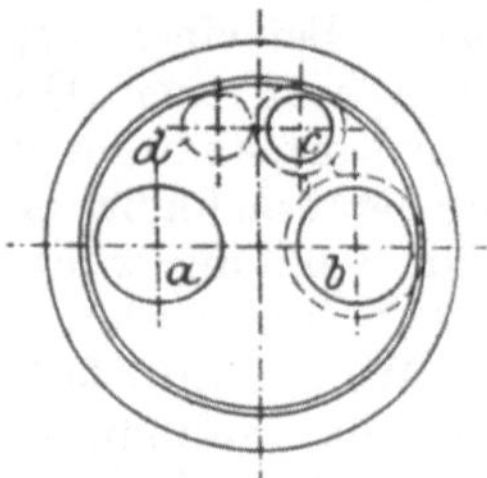

Fig. 65.　Ventilanordnung.

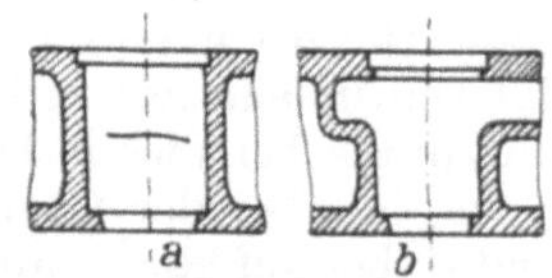

Fig. 66. Gerissener Anlaßventileinguß und veränderte Ausführung.

einerseits stark verzogen, andererseits die geschweißten Stellen bald
wieder aufrissen.

Bei einer Deckelbauart einer Viertaktmaschine sind Risse in den
Anlaßventileingüssen dadurch entstanden, daß der in der Nähe befindliche Auslaßventileinguß sich bei der Erwärmung im Betriebe
ausdehnte. Die Ventilanordnung zeigt Fig. 65. Es ist a das Einlaßventil, b das Auslaßventil und c das Anlaßventil. Die Risse traten
besonders in der kalten Jahreszeit auf, wenn die Maschine schnell
belastet wurde. In Fig. 66a ist der Anlaßventileinguß in der Form
dargestellt, in welcher er häufig gerissen ist, Fig. 66b zeigt eine Form,
die eine Federung bei der Ausdehnung des Auslaßventiles zuläßt und
daher hält. Eine andere Verbesserungsmöglichkeit ist die Verlegung
des Anlaßventils von c nach d (Fig. 65) in die Nähe des Einlaßventils.

Weiter sind Zylinderdeckel mitunter dadurch unbrauchbar geworden, daß zu knapp bemessene oder versetzte Warzen für Stiftschrauben durch diese aufgesprengt wurden.

Besondere Aufmerksamkeit ist auch den Kernverschraubungen zuzuwenden. Diese sind möglichst aus dem gleichen Material wie der Deckel anzufertigen, also aus Bronze gleicher Zusammensetzung bei Bronzedeckeln, aus Schmiedeisen bei Stahlguß- und Gußeisendeckeln, und gut zu verzinnen oder zu verbleien, da andernfalls elektrische Anfressungen auftreten. Löcher für das Anziehen der Verschraubungen dürfen in diesen nicht zu tief gebohrt werden, damit noch eine ausreichende Wandstärke bleibt.

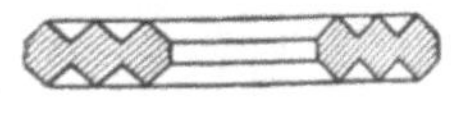

Fig. 67.
Kupferdichtung.

Als Dichtung für die Zylinderdeckel gegenüber dem Zylinder ist ein Kupferring zu empfehlen. Klingerit hat an dieser Stelle häufig zu Undichtheiten Veranlassung gegeben. Die Ventilgehäuse sind entweder in den Deckel einzuschleifen oder ebenfalls mit einem Kupferring zu dichten. Beides hat sich gut bewährt. In die Kupferdichtungen werden Vertiefungen eingedreht, so daß mehrere konzentrische Grate stehenbleiben (Fig. 67).

7. Ventile und Steuerung.

Allgemein ist bei der Konstruktion der Ventile zu berücksichtigen, daß sowohl Ventilkegel wie Sitz häufig geschliffen und öfters nachgedreht werden müssen. Kegel und Sitz sind daher so zu bemessen, daß von jedem mehrere Millimeter abgearbeitet werden können, ehe sie durch neue Stücke ersetzt zu werden brauchen. Weiter müssen auch die übrigen Bauteile das Nacharbeiten der Dichtungsstelle zulassen, d. h. vor allem muß sich auch nachher noch das vorgeschriebene Spiel zwischen Ventilrolle und Steuerscheibe einstellen lassen. Bei größeren und teureren Ventilgehäusen sind die Ventilsitze auf einfachen Ringen anzuordnen, die leicht an Stelle des ganzen Gehäuses ersetzt werden können. Sie werden aus einem Spezialgußeisen angefertigt und mit einer Zentrierleiste versehen, die in die Nute des Gehäuses eingreift (Fig. 68). Nach jedesmaligem Einbau ist durch Herunterdrücken des Ventils mit einem Hebel zu prüfen, ob es durch das Anziehen des Gehäuses nicht festgeklemmt ist und leicht zurückfedert. Unachtsamkeit hierbei hat häufig große Nacharbeiten gefordert.

Einlaßventil. Da die Einlaßventile durch die angesaugte Luft stets gut gekühlt werden, sind sie nur geringer Abnutzung unterworfen. Sie brauchen erst nach etwa 1200—2000 Betriebsstunden ausgebaut und nachgeschliffen zu werden. Sie können im Zylinder auf Dichtheit geprüft werden, dadurch daß dieser vom Brennstoffventil aus mit Einblaseluft gefüllt wird, worauf zu beobachten ist, ob Luft aus den Ansaugöffnungen austritt. Die Nachprüfung des nachgeschliffenen Ventils in der Werkstatt auf Dichthalten durch Aufgießen von Petroleum oder Brennstoff über den Kegel ist anzuraten, besonders wenn die Arbeit von ungeübten Leuten ausgeführt wird. Die Spindel und ihre öfters vorhandene obere Kolbenführung muß mindestens 0,2 mm Luft erhalten, damit sich das Ventil nicht festsetzt. Die Kegel, die meist mit der Spindel in einem Stück ausgeführt sind, werden im allgemeinen aus Siemens-Martin- oder Tiegelstahl hergestellt.

Auslaßventil. Die hoch beanspruchten Auslaßventile sind im allgemeinen nach etwa 600 Betriebsstunden so weit undicht, daß sie nachgeschliffen werden müssen. Zwischendurch muß öfter in der gleichen Weise, wie beim Einlaßventil angegeben ist, untersucht werden, ob stärkere Undichtheiten vorliegen. Die Ventile sind dann schon früher nachzuschleifen, da sie sonst von den durchschlagenden heißen Gasen bald verbrennen. Bei einem Ausbau sind gleichzeitig die bei größeren Ventilen vorgesehenen Kühlräume der Kegel und Gehäuse zu reinigen und mit Rostschutzfarbe auszuschwenken. Während des Betriebes ist festzustellen, ob einer dieser Kühlräume verstopft ist, was daran erkannt wird, daß die Kühlwasserzu- und -abflußleitungen gleichmäßig warm sind. Ein solches Ventil ist dann möglichst bald außer Betrieb zu setzen und zu reinigen, da sonst die Verunreinigungen, meist Kesselstein, im Ventil oder im Gehäuse festbrennen und nicht wieder entfernt werden können. Die Ventilkegel können meistens mit Drahtbürsten gut gesäubert werden. Dagegen sind bei den Ventilgehäusen häufig zu wenig Reinigungsöffnungen angebracht. Über Einschleifen, Prüfung und Lose der Spindelführung gilt das gleiche wie bei dem Einlaßventil.

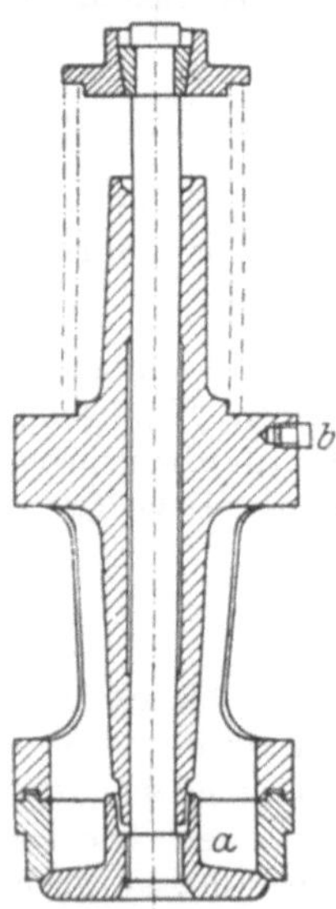

Fig. 68.
Ungekühltes Auslaßventil mit Gußkegel.

Als Baustoff für ungekühlte Auspuffkegel hat sich hochprozentiger Nickelstahl gut bewährt, während Stahl bald verbrannte. Als Ersatz für den Nickelstahl haben sich gußeiserne Kegel *a* (Fig. 68) verwenden lassen, die auf die Stahlspindel geschraubt wurden. Des öfteren sind allerdings Störungen durch Zerbrechen der Kegel aufgetreten. Um die Ventilspindel gegen die heißen Gase zu schützen, erhalten die gußeisernen Kegel häufig einen Kragen, der bei geöffnetem Ventil um das Gehäuse fassend, die Spindel einhüllt. Allgemein muß das Gehäuse zum Schutze der Spindel möglichst tief geführt werden, da sich diese sonst leicht verzieht und dadurch das Ventil undicht wird.

Gekühlte Ventilkegel werden meistens aus Siemens-Martinstahl mit Wasserzuführung in der Mitte hergestellt. Zum Verschluß wird nach der Bearbeitung in den Boden des Kegels ein Pfropfen eingeschraubt und verschweißt. Dieser Verschlußzapfen darf keinesfalls Löcher für den Schlüssel zum Einschrauben erhalten, weil er leicht an den geschwächten Stellen durchrostet und Betriebsstörungen veranlaßt. Er ist mit einem vierkantigen Ansatz einzuschrauben, der nachher abgearbeitet wird. Der gekühlte Kegel ist, wenn möglich, innen zu verbleien, wenigstens aber mit Rostschutzfarbe zu streichen. Auch Verschlüsse, die in den Kühlraum des Ventilgehäuses hineinragen, müssen verzinnt oder verbleit sein. Für aus mehreren Stücken zusammengesetzte Ventilgehäuse ist Baustoff von genau gleicher Zusmmensetzung zu verwenden. Es ist vorgekommen, daß in bronzene Ventilgehäuse eingeschraubte bronzene Führungsbüchsen nach kurzer Betriebszeit zersetzt und so mürbe wurden, daß sie beim Herausschrauben zerfielen. Durch Verzinnen der Büchsen wurde das Anfressen verhindert.

Die Rippen zwischen dem wassergekühlten Teil des Ventilgehäuses und dem Ring, der den Ventilsitz enthält, sind bei Auspuffventilen mitunter durch Wärmedehnung gerissen, wenn die Schrauben, mit denen das Ventilgehäuse im Deckel befestigt ist, übermäßig kräftig angezogen worden waren. Wenn dann die Erwärmung der Rippen eintritt, müssen sie zerbrechen. Um dieses zu vermeiden, ist die Konstruktion so auszuführen, daß eine geringe Federung der Rippen möglich ist, und anzuordnen, daß die Halteschrauben nicht zu stark anzuziehen sind.

Im Betriebe darf die Ventilspindel nur mäßig mit einem Gemisch aus Schmieröl und Petroleum oder Brennstoff geschmiert werden, da sie sonst leicht festbrennt.

Bei gleich ausgeführten Auslaß- und Einlaßventilen kleiner Maschinen sind Vertauschungen beider Ventile möglich. So ist es z. B. vorgekommen, daß bei einem auf See befindlichen Boot versehentlich ein Einlaßventil an die Stelle des auszuwechselnden Auslaßventils gesetzt wurde. Nach mehrstündigem Betrieb war der aus für Auslaßventile ungeeignetem Material bestehende Ventilkegel durchgebrannt und die Arbeit mußte wiederholt werden. Um Verwechslungen dieser Art vorzubeugen, müssen die Ventilgehäuse z. B. durch Anbringen einer Nase *b* (Fig. 68) so eingerichtet sein, daß sie nur an richtiger Stelle eingebaut werden können.

Brennstoffventil. Die Brennstoffnadeln sind öfters während des Betriebes an einem an der Nadel vorzusehenden Vierkant zu drehen, damit ein Hängenbleiben derselben möglichst vermieden wird. Nach etwa 300—600 Betriebsstunden müssen die Nadeln ausgebaut, gut mit dickem Öl eingefettet und wieder eingesetzt werden. Der Ausbau der Nadel muß leicht vorgenommen werden können, zweckmäßig ohne daß dabei die starke Feder ganz entspannt zu werden braucht. Dabei werden die Dichtungskonen nachgesehen, und wenn sie schlecht gedichtet haben, was an rauhen oder angeschwärzten Stellen zu erkennen ist, mit Öl oder Brennstoff wieder auf ihren Sitz geschliffen. Falls dadurch keine Dichtung erreicht wird, erfolgt Ausbauen des Ventils und Nachschleifen mit Schmirgel. Das Brennstoffventil wird dadurch auf Dichtheit geprüft, daß auf das geschlossene Ventil Einblaseluft gegeben und am geöffneten Indikatorhahn des Arbeitszylinders beobachtet wird, ob Luft austritt. Stellt sich heraus, daß eine Stopfbüchsenpackung undicht ist, so wird sie neu verpackt. Das geschieht zum Teil mit fertigen Ringen aus Weißmetallpackung, die aufeinandergelegt und festgestampft werden, meistens aber mit Fäden aus Weißmetall und Blei, die weich und nicht brüchig sein müssen. Etwa 20—25 Fäden von 30 cm Länge werden mit wenig dickem Zylinderöl eingefettet und zu einem Zopf zusammengedreht. Dieser wird um die Nadel herum in die in das Gehäuse eingeschraubte Stopfbüchse gelegt und durch die Packungshülse mit mittelfesten Schlägen zusammengedrückt. Auf genaue Zentrierung der Nadel und gute Führung der Hülse ist dabei zu achten. Nadel und Hülse werden nach jedem Schlag gedreht. In einem größeren Betriebe kann das Einstampfen der Packung mit Vorteil auf einer Maschine durch ein Gewicht von etwa 10 kg vorgenommen werden, das aus einer Höhe von 15—20 cm herunterfällt. Nadel und Stopfbüchse werden dabei von der Vorrichtung gedreht und verschoben. Dadurch wird ein schnelles und gleichmäßiges Verpacken der Stopfbüchsen erreicht. Von manchen Maschinenfabriken wird eine etwas schwächere Nadel für das Verpacken der Stopfbüchse mitgeliefert, so daß die eigentliche Brennstoffnadel dann durch die Stopfbüchse durchgerieben werden muß. Nach dem Einstampfen mehrerer Zöpfe erfolgt der Abschluß nach oben durch einen Vulkabeston-ring, der die Aufgabe hat, das Öl in der Packung gegen das Heraus-blasen durch die Einblaseluft zu schützen. Danach wird die Brenn-stoffnadel unter Drehen so lange hin und her bewegt, bis sie leicht-gängig durch ihr eigenes Gewicht nach unten gleitet. Die Prüfung des genauen Aufsitzens der Nadel erfolgt dadurch daß der Konus mit Ruß geschwärzt oder mit Bleistiftstrichen versehen und ohne Drehung auf den Sitz gedrückt wird. Schon ganz leicht krumme Brenn-stoffnadeln sind unverwendbar. Der Zerstäuber, besonders die Löcher in der Düsenplatte sind öfter zu reinigen.

Werden die Brennstoffventile in der angegebenen Weise behandelt, so treten Störungen kaum auf. Wenn die Nadeln zu stramm ver-packt sind, können sie während des Betriebes hängenbleiben, wodurch schwere Explosionen im Zylinder hervorgerufen werden.

Anlaßventile. Die Anlaßventile sind verhältnismäßig oft auszu-bauen und nachzuschleifen. Sie werden im Betriebe leicht undicht, weil sie im Gegensatz zu den dauernd arbeitenden Ventilen nur selten be-nutzt werden. Ihre Undichtheit macht sich dadurch bemerkbar, daß heiße Gase aus dem Zylinder hindurchtreten und die Ventile und die Anlaßleitung erhitzen. Meist besteht die Möglichkeit, daß die Ventile zur Beseitigung der Störung behelfsmäßig fest auf ihren Sitz gezogen werden können, wodurch für einige Zeit Dichtung erzielt wird. Andern-falls müssen die Kegel nach Unterbrechung des Betriebes nachge-schliffen werden, da sie sonst verbrennen. Vor dem Anstellen der Maschine werden die Ventile dadurch auf Dichtheit geprüft, daß die Anlaßleitung unter Druck gesetzt und an den geöffneten Indikator-ventilen des Zylinders beobachtet wird, ob Luft austritt.

Mitunter sind Störungen an Anlaßventilen durch Festsetzen des Ausgleichkolbens aufgetreten. Da die Anlaßluft feucht ist, muß der

Kolben und seine Führung zur Vermeidung des Festrostens aus Bronze hergestellt sein und auch die Spindel eine Bronzeführung erhalten. Der Kolben und die Spindel erhalten dann eine Lose von 0,5 mm. Die Abdichtung wird durch bronzene Kolbenringe vorgenommen (vgl. Fig. 14).

Sicherheitsventil. Die Sicherheitsventile werden etwa ebenso oft wie die Einlaßventile ausgebaut und nachgesehen. Ihre Undichtheit macht sich in gleicher Weise wie bei den Anlaßventilen durch Heißwerden bemerkbar.

Da sie für den Schutz des Zylinders gegen Auftreten zu hoher Drücke eine äußerst wichtige Rolle spielen und durch ihr richtiges Arbeiten Beschädigungen an der Maschine und gegebenenfalls Unglücksfälle vermieden werden, müssen sie sorgfältig gebaut und behandelt werden. Über die Führung der Spindel und Ausführung in Bronze oder nicht rostendem Spezialmaterial gilt dasselbe wie bei den Anlaßventilen. Die Feder darf nicht durch das Bedienungspersonal nachzustellen sein, da dieses erfahrungsgemäß bei Undichtheit des Kegels die Feder stärker anspannt. Das Ventil wird durch Probedruck in der Werkstatt richtig eingestellt. Die Ventilspindel muß außen einen Vierkant tragen, an welchem sie während des Betriebes öfters gedreht wird, um Festsetzen zu vermeiden.

Ein dauerndes Abblasen aller oder eines Sicherheitsventils während des Anlassens deutet, vorausgesetzt daß diese dicht und die Federn richtig gespannt sind, auf falsche Einstellung der Steuerung oder Hängenbleiben einer Nadel hin. Vereinzeltes Abblasen ist auf Ölansammlungen im Zylinder zurückzuführen. Abblasen eines Sicherheitsventils nach längerem Betriebe kommt meistens durch Undichtheit der Brennstoffnadel oder Hängenbleiben derselben zustande.

Die übrigen an der Schiffsdieselmaschine vorhandenen Ventile, wie Hauptanlaßventil, Druckminderventil usw., sind etwa alle halbe Jahr zu reinigen und nachzuschleifen. Die Ventile für Anlaßluft sind so zu bauen, daß sie infolge der Feuchtigkeit der Luft nicht festrosten.

Auf die Ventile der Hilfsmaschinen wird bei der Besprechung dieser Maschinen eingegangen.

Einstellung der Steuerung. Nach jedem Arbeiten am Schraubenradantrieb oder nach dem Wiedereinbau der Nockenwelle ist zu prüfen, ob die Steuerung richtig eingestellt ist. Für Viertaktmaschinen ist folgende Einstellung gebräuchlich:

	Eröffnung	Schluß	Spiel zwischen Ventilrolle und Nocke
Einlaßventil	20—30° vor O. T.,	25—30° nach U. T.,	0,6—0,7 mm
Auslaßventil	20—40° „ U. T.,	15—25° „ O. T.,	0,7—0,9 „
Brennstoffventil	7—9° „ O. T.,	40—50° „ O. T.,	0,3—0,5 „
Anlaßventil	5—0° „ O. T.,	130—150° „ O. T.,	0,6—0,7 „

[Der Winkel der zugehörigen Kurbel zum oberen Totpunkt (O. T.) oder unteren Totpunkt (U. T.) ist in Graden angegeben.]

Bei Zweitaktmaschinen ist das Brennstoffventil in gleicher Weise eingestellt. Das Anlaßventil bei sechszylindrigen Zweitaktmaschinen ist, da es bei jeder Umdrehung Luft in den Zylinder einläßt, meist auf einem viel kleineren Kurbelwinkel offen, 60—70° nach O. T. Die Spülluft wird häufig, der Auspuff stets durch Schlitze gesteuert.

Eine Verstellung der Steuerungsphasen tritt ein, wenn nach längerer Betriebszeit die Zahnflanken der Schraubenräder abgenutzt sind. Eine merkbare Abnutzung, so daß die Steuerung nachgestellt werden mußte, ist je nach der Belastung der Räder und der Genauigkeit des Ausrichtens nach 1—3 Jahren bemerkt worden. Bei einigen Rädern haben sich diejenigen Zahnflanken, die das Anheben der Brennstoffventile besorgten, also vor allem drei Punkte am Umfang (bei den gebräuchlichen Sechszylindermaschinen) weitaus am stärksten abgeschliffen. Eine allgemeine Abnutzung der Zähne nach sehr kurzer Zeit macht sich dann bemerkbar, wenn die Schraubenräder nicht genau ausgerichtet sind; sie laufen dann sehr geräuschvoll. Bei der Auswechslung von

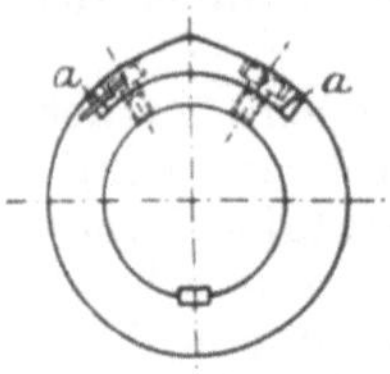

Fig. 69. Einstellbarer Brennstoffventilnocken.

Schraubenrädern oder nach Arbeiten an ihren Lagern muß deshalb möglichst genau der vorgeschriebene Wellenabstand sowie die richtige Lage der Mittelebenen der Räder zueinander eingestellt werden. Das Spiel zwischen den Zähnen muß etwa 0,1 mm betragen. Die Verstellung der Steuerung um einige Grad ist von Bedeutung nur für das Brennstoffventil. Der Brennstoffnocken muß sich daher auf der Nockenwelle verschieben lassen, was für die Nocken der übrigen Ventile unnötig ist. Eine oft angewandte Lösung zeigt Fig. 69. Die Paßstücke a werden bei Verschiebung des Nockens geändert. Kleine Unterschiede im Zündbeginn werden während des Laufens der Maschine an Hand der Diagramme durch Veränderung der Rollenlose eingestellt. In Fig. 70, die das Übertragungsgestänge zwischen Ventilhebel und -spindel darstellt, kann das Rollenspiel durch die Muttern a an der Spindel und durch die Schraube b am Hebel eingestellt werden. Eine andere öfters angewandte Lösung ist Anordnung des Brennstoffhebels auf einer exzentrischen Büchse. Indessen ist nur eine geringe Abweichung von etwa 0,1—0,2 mm von der vorgeschriebenen Lose zulässig.

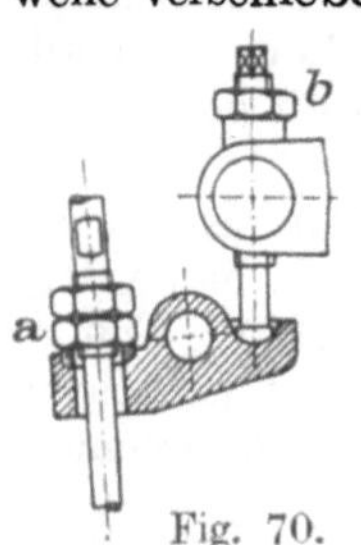

Fig. 70. Anordnung zur Einstellung des Rollenspieles.

Als Baustoff für den Brennstoffnocken sowie für die Nocken solcher Maschinen, die beim Umsteuern die Nockenwelle verschieben, ohne daß die Rollen abgehoben werden, hat sich Stahl mit gut gehärteter Oberfläche bewährt. Für die übrigen Nocken kann, besonders wenn sie größere Abmessungen haben, auch Stahlguß verwandt werden.

Die Lager der Nockenwelle dürfen nur wenig Luft erhalten, weil sonst eine Verstellung der Steuerung durch Bewegen der Nockenwelle eintritt. Besonders ungünstig liegen die Verhältnisse da, wo von der Rolle des Brennstoffventils eine Kraft ausgeübt wird, die die Nockenwelle gegen ihre oberen Lagerschalen drückt.

8. Hilfsmaschinen.

Bei einigen älteren Maschinen waren häufig die Pumpen, vor allem Einblasepumpe, Ölpumpe und Kühlwasserpumpe, knapp bemessen. In Folge davon waren fortgesetzt Überholungsarbeiten an den Maschinen erforderlich, die sich bei reichlicher Bemessung der Pumpen stark vermindern ließen. Jede Pumpenleistung wird bekanntlich mit der Zeit geringer. Bei Kolbenpumpen werden Kolbenringe und Ventile durchlässig, bei Kreiselpumpen nutzen sich die Dichtungsringe ab. Gleichzeitig wird der Verbrauch des Motors an Luft und Öl nach längerer Betriebszeit größer. Ein höherer Verbrauch an Einblaseluft kann durch kleine Undichtheiten in der Druckleitung oder durch eine durch verringerte Rollenlose hervorgerufene längere Eröffnungsdauer des Brennstoffventils eintreten. Der vorgeschriebene Schmieröldruck wird später nicht mehr erreicht, weil die Lagerlose und damit die Verluste im Lager immer größer werden. Die Verhältnisse bei der Kühlwasserpumpe liegen zwar etwas günstiger, nur tritt häufig ein durch Absetzen von Schmutz und Kesselstein in den gekühlten Räumen hervorgerufener höherer Widerstand ein. Es muß weiter damit gerechnet werden, daß auch bei Ausfall eines Zylinders einer Kolbenkühlwasserpumpe der Betrieb noch mit verringerter Leistung aufrecht erhalten werden kann, was ebenfalls dafür spricht, die Pumpe nicht zu knapp zu bemessen.

Verdichter. Die Luftpumpe gibt verhältnismäßig häufig zu Betriebsunterbrechungen Veranlassung. Sie muß stets in tadellosem Zustande gehalten sein, damit sie die erforderliche Einblaseluftmenge schaffen kann. Die Kolben müssen nach etwa 600 Betriebsstunden aufgenommen werden, wenn nicht der Betrieb schon ein früheres Nachsehen erfordert. Es sind dann die festsitzenden, meist einseitig abgenutzten Kolbenringe zu lösen und gegebenenfalls zu erneuern, sowie öfter die Lager nachzuarbeiten. Es ist schon bei der Besprechung der Kolben darauf hingewiesen, daß die Ringe der oberen Stufen besonders häufig ausgewechselt werden mußten. Nach dem Wiedereinbau des Kolbens ist zu prüfen, ob die vorgeschriebenen schädlichen Räume überall eingehalten sind. Da es sich hierbei besonders bei den oberen Stufen nur um einen Millimeter oder weniger handelt, geschieht dies am besten durch Messung eines Bleiabdruckes. Durch eine Ventilöffnung wird zwischen Kolben und Zylinderdeckel ein Bleidraht gehalten und durch den aufwärts bewegten Kolben platt gedrückt. Die schädlichen Räume sollten nicht unter 1 mm betragen, da eine noch kleinere Bemessung derselben nur einen geringen Einfluß auf die Luftmenge hat, also zwecklos ist. Bei mehreren übereinanderliegenden Kolben ist dafür Sorge zu tragen, daß die vorgeschriebenen schädlichen Räume leicht durch unter den Schubstangenflansch oder die Zylinderteile gelegte Paßbleche einzustellen sind, ohne daß es nötig ist, den Kolben nachzudrehen, wie es bei älteren Bauarten bisweilen nötig war.

Die Ventile des Verdichters sind ebenso wie der Kolben nach etwa 600 Betriebsstunden nachzusehen. Bei der Konstruktion ist zu berücksichtigen, daß Sitz sowie Dichtungsplatte oder Kegel oft nachgeschliffen werden müssen. Bei den meist angewandten und am besten bewährten Plattenventilen mit Fänger a in Fig. 71 für zerbrochene Teile erhalten die Sitze, die aus Stahl bestehen, eine Arbeits-

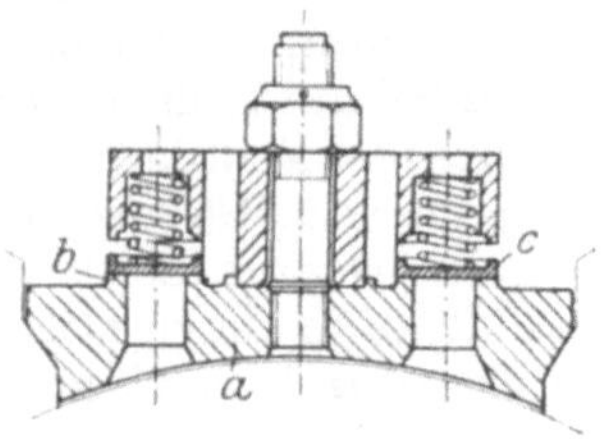

Fig. 71.
Verdichter-Druckventil.

oder Dichtungsleiste b von 2 mm Höhe um die Durchtrittsöffnungen herum. Die Ventilplatten c, für die sich Chromnickelstahl oder Nickelstahl als Baustoff bewährt hat, dürfen nicht zu schwach ausgeführt werden, damit sie sich nacharbeiten lassen und nicht so leicht verziehen. Sie erhalten deshalb häufig oder Querschnitt. Auch bei Kegelventilen (Fig. 72), die öfters in der letzten Stufe angewandt werden, sollte der Fänger a für zerbrochene Kegel nicht fehlen, da sonst Bruchstücke des Kegels Beschädigungen des Kolbens oder Zylinderdeckels hervorrufen können.

Wenn sich nach einer Überholung oder im Betriebe herausstellt, daß trotz vollständig geöffneten Schiebers vor der ersten Stufe des Verdichters die erforderliche Einblaseluftmenge nicht geliefert wird, so sind zunächst die Drücke in den einzelnen Stufen zu beobachten, ob

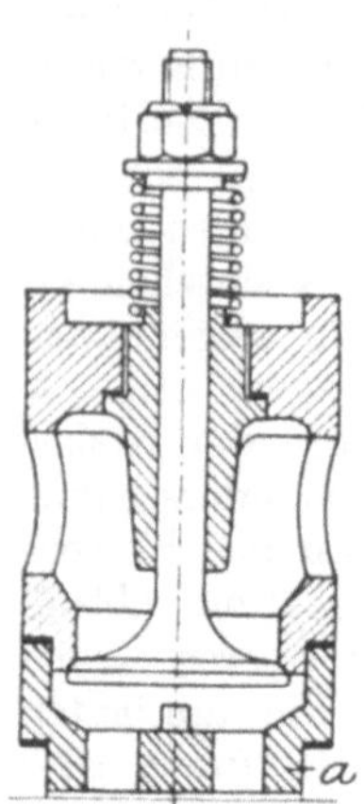

Fig. 72.
Verdichter-Saug-
ventil.

sie die im regelmäßigen Betrieb übliche Höhe besitzen. Bei einer dreistufigen gut arbeitenden Pumpe werden etwa folgende Drücke abgelesen: Niederdruck 4 kg/qcm, Mitteldruck 18 kg/qcm, Hochdruck 70 kg/qcm. Die Erhöhung des Druckes hinter einer Stufe zeigt an, daß das Sauge- oder Druckventil der nachfolgenden Stufe undicht ist. Es kann die Luft aber auch durch die Kolbenringe eines darüber gebauten Zylinders getreten sein. Ohne weiteres ist an einem aus dem Luftsaugeraum kommenden Luftstrom zu erkennen, daß das erste Saugventil undicht ist. Für die anderen Stufen wird der Fehler am schnellsten durch Drücken des Verdichters von der Einblaseflasche her festgestellt. Zunächst wird das Ventil an der Luftflasche geöffnet und das Druckventil der letzten Stufe unter Druck gesetzt. Bei Undichtigkeit strömt Luft aus dem geöffneten Hochdruckzylinder aus der Indikatorbohrung oder dem ausgebauten Saugventil. Danach wird das Druckventil entfernt und Druck auf den Zylinder gegeben. Dabei wird nach Abnahme der Saugleitung geprüft, ob das Saugventil dicht ist; dann wird durch Öffnen des Indikatorhahnes des darunter liegenden Zylinders die Dichtigkeit des Kolbens untersucht. Die Ringe müssen so gut schließen, daß nur ein leichter Luftstrom durchtritt. In der gleichen Weise wird die Prüfung sämtlicher Ventile und Kolben fortgesetzt. Auch die Kühler und Rohrleitungen werden dabei beobachtet. Zum Drücken der unteren Verdichterstufen darf natürlich nur Einblaseluft von entsprechend geringerem Druck genommen werden.

Findet sich beim Drücken kein Fehler, so kann der Luftmangel auch durch zu großen schädlichen Raum in der Niederdruckstufe, Undichtheiten in der Leitung oder einen durch zu geringe Rollenlose an den Brennstoffventilen veranlaßten hohen Luftverbrauch verursacht sein.

Ein Verölen der Ventile zeigt an, daß der betreffende Zylinder zuviel Öl erhält. Das kann entweder bei den Zylindern mit Spritzschmierung durch einen schlecht arbeitenden Ölabstreifring oder bei den oberen Stufen durch zu starke Anstellung der Schmierpressen hervorgerufen sein. Obwohl, wie in dem Abschnitt über Kolbenringe erwähnt ist, diese gut geschmiert werden müssen, so ist diese Schmierung doch nicht durch Einführung von viel Öl in die Zylinder, sondern durch eine gute Ölverteilung zu erzielen (vgl. Fig. 52). Die Verölung kann auch dadurch hervorgerufen sein, daß die zwischen den einzelnen Stufen befindliche Kühlung und Entölung nicht in gutem Zustande ist. Da durch zuviel Öl im Zylinder Schmierölexplosionen hervorgerufen werden können, ist es erforderlich, daß man die Ursache der Verölung zu ermitteln sucht, um Explosionen zu verhüten.

In den Rohrleitungen zwischen den einzelnen Stufen sind Sicherheitsventile und zweckmäßig auch noch Bruchplatten anzuordnen, die bei Schmierölexplosionen schon gute Dienste geleistet und Pumpe und Rohrleitung vor Zerstörung geschützt haben. Wenn im Kühlwasserraum des Verdichters die Rohrbündel zur Luftkühlung untergebracht sind, so müssen auch im Mantel des Kühlraumes Bruchplatten vorgesehen werden, damit nicht im Falle einer Undichtigkeit am Kühler das Gehäuse durch den Luftdruck gesprengt werden kann.

Bei mehreren übereinanderliegenden Kolben, zwei oder drei Stück, erhalten der untere oder die beiden unteren die Aufgabe der Führung. Wenn außerdem noch ein besonderer Gleitschuh oder Führungskolben vorhanden ist, führt häufig dieser zusammen mit dem mittleren Kolben. Dem führenden Kolben ist bei 300—600 mm Durchmesser ein Spiel von 0,35—0,45 mm zu geben, das nach Einsetzen des Kolbens ohne Ringe in die Zylinder sorgfältig mit einem Meßblech nachgeprüft werden muß. Die übrigen Kolben, die ihre Zylinderwandungen nicht berühren, erhalten eine Lose von 0,6—1 mm, die ebenfalls nachzumessen ist, nachdem die Schubstangenlager angezogen sind. Unachtsamkeit hierbei hat häufig Fressen der Hochdruckkolben zur Folge gehabt.

Gute Erfolge sind bei der Hochdruckstufe durch Ausführung der Kolbendichtung in der Form einer in den Zylinder eingeschliffenen Bronzebüchse·erzielt. Die Kolben- und Kammerringe in Fig. 60 sind durch eine auf dem Kolbenkörper in seitlicher Richtung bewegliche Büchse ersetzt. Die Dichtung ist einfacher und billiger als die mit Ringen, setzt aber genauere Arbeit voraus.

Es ist durchaus wünschenswert, wenn die Saug- und Druckventile so eingerichtet werden, daß sie beim Einbau nicht verwechselt werden können. Es ist vorgekommen, daß durch ungeschicktes Be-

dienungspersonal zwei Saugventile anstatt Saug- und Druckventil eingebaut wurden. Die Einrichtung kann in einfacher Weise getroffen
werden z. B. durch Anbringung von Stiften oder Nasen, die in entsprechende Vertiefungen am Verdichter eingreifen.

Spülluftpumpe. Da die Spülluftpumpen gegen einen nur geringen
Luftdruck arbeiten und daher kleine Undichtheiten nicht sehr wesentlich sind, verursachen sie wenig Überholungsarbeiten. Die Ventile
werden etwa alle Jahr auf der Schleifmaschine nachgeschliffen. Sie
haben sich am besten bewährt in der Form von nicht zu großen feder-
belasteten Plattenventilen. Die Platten dürfen nicht zu schwach
sein, damit sie sich nicht verziehen, aber wegen der Massenwirkungen
auch nicht zu schwer. Es wird empfohlen, sie aus etwa 1 mm starkem
Stahlblech anzufertigen und ihnen die nötige Steifigkeit durch Preß-
ränder zu geben. (Ähnlich wie Verdichterventil, Fig. 71.)

Brennstoffpumpe. Die Ventile der Brennstoffpumpen müssen
etwa alle 1200 Betriebsstunden nachgeschliffen werden. Hierfür wird
feinster Schmirgel verwandt und von Kegel und Sitz möglichst wenig
heruntergearbeitet, damit nachher die Nachreglung keine Umstände
verursacht. Zweckmäßig sind für die Einstellung der Saugventile
Lehren anzufertigen. Eine Grundüberholung der Brennstoffpumpen
wurde etwa alle Jahr vorgenommen. Hierbei wurden hauptsächlich
Lager nachgepaßt und Führungen nachgearbeitet. Die Pumpenkolben
und -büchsen waren meist noch tadellos und bedurften keiner Erneuerung. Mehr Anstände haben die nach Art der Stopfbüchsen des
Brennstoffventils verpackten Kolben verursacht, die mitunter riefig
gelaufen waren und nachgeschliffen werden mußten.

Undichtheit des Saugventils zeigt sich am Diagramm in einem Nach-
lassen der Leistung des zugehörigen Zylinders. Sind auch die Druckventile undicht, so tritt Einblaseluft in die Pumpe ein, und die Brenn-
stofförderung besonders nach dem Anstellen der Maschine setzt aus.

Nach dem Zusammenbau kann eine Prüfung des Kolbens und
der Ventile mit Hilfe der Einblaseluft leicht vorgenommen werden.
Das Rückschlagventil und die Druckventile werden ausgebaut, und die
Einblaseluft wird angestellt, wonach aus einem undichten Kolben
oder Ventil Luft austritt. Danach wird das Druckventil wieder eingesetzt und von neuem Luft angestellt. Bei undichtem Ventil gelangt Luft
in die Pumpe, und das Saugventil läßt sich von Hand nur schwer auf-
drücken, wobei Luft nach dem Schwimmergehäuse entweicht. Nach
Ausbau des ersten Druckventils wird das zweite in gleicher Weise
untersucht. Zum Drücken des Rückschlagventils, das meist unmittelbar vor dem Brennstoffventil angeordnet ist, wird das Probierventil
in der Brennstoffleitung bei angestelltem Einblasedruck geöffnet.

Die gehärteten Stahlplunger der Brennstoffpumpe sind meist in
gußeiserne oder Bronzebüchsen eingeschliffen, die mit Kupferdichtung
in den Pumpenkörper eingeschraubt sind. Die Kolben müssen in eine
reichlich bemessene Kreuzkopfführung eingesetzt sein, in welcher sie
sich nach den Seiten frei bewegen können.

Die Saug- und Druckventile müssen mit dem Sitz ohne Entfernung der Rohrleitungen leicht und schnell ausgebaut werden können. Vor allem muß auch die Einstellung der Saugventilregelung möglich sein, ohne daß es erst erforderlich ist, Teile der Pumpe abzubauen.

Schmierölpumpe. Es werden meist Zahnradpumpen verwandt (Fig. 24 u. 25), deren Konstruktion und Ausführung größere Erfahrung voraussetzt. Während manche Bauarten jahrelang gut gearbeitet haben, konnte mit anderen schon nach kurzer Betriebszeit — etwa 600 Stunden — der vorgeschriebene Druck nicht mehr eingehalten werden. Vor allem müssen die Zahnräder vollständig entlastet sein, so daß sie durch den Öldruck nicht seitlich gegen den Boden oder Deckel des Gehäuses gepreßt werden können. Ferner sind die Profile an den Stirnseiten der Zahnräder abzurunden, weil die Räder sonst fräsend wirken und bald im Gehäuse ein unzulässiges Spiel erhalten. Überhaupt tritt Versagen der Ölpumpen infolge seitlicher Lose, die wie die radiale nicht mehr als 0,1 mm betragen soll, viel häufiger ein als durch zu großes Spiel am Umfang der Räder. Zwischen Gehäuse und Deckel sind deshalb Zwischenlagen von dünnen Blechen oder Zeichenpapier erwünscht, damit ein Nachpassen leicht vorgenommen werden kann. Ohne vorgesehene Zwischenlagen muß zur Verkleinerung der seitlichen Abnutzung der Gehäuseflansch abgehobelt werden. Die Laufzapfen der Räder, die in Büchsen aus harter Bronze laufen sollen, sind reichlich stark auszuführen, damit ihre Abnutzung und ein Abschleifen der Zahnräder am Umfang vermieden wird.

Die Zahnradpumpe ist empfindlich gegen Undichtigkeiten der Saugleitung, die sich durch einen geringeren von dem normalen abweichenden Unterdruck im Saugraum anzeigen. Beim Eintritt von Luft saugt sie nicht mehr an. Die Saugleitung soll daher möglichst kurz sein und zugänglich verlegt werden. Es ist die Möglichkeit vorzusehen, daß sie von der Pumpe aus aufgefüllt werden kann.

Zur Einstellung des Öldruckes hat sich ein Verbindungsventil zwischen Druck- und Saugraum der Pumpe, das gleichzeitig Sicherheitsventil ist, gut bewährt (Fig. 24).

Kühlwasserpumpe. Da das zur Kühlung benutzte Seewasser trotz der Filter Verunreinigungen mit sich führt, werden die Ventile ziemlich häufig undicht. Sie sind etwa alle 1200 Betriebsstunden nachzuschleifen.

Es werden meistens Plattenventile oder auf einer Sitzplatte vereinigte kleine Kegelventile verwandt. Die Ventile müssen durch Federn aus im Seewasser nicht rostendem Material auf ihren Sitz gedrückt werden. Federlose Ventile verursachen öfters beim Anfahren Störungen. Über den Bau der Plattenventile gilt das gleiche wie bei den Verdichterventilen, nämlich Anordnung einer Arbeitsleiste auf dem Sitz und Verwendung kräftiger Platten. Die Ventile müssen natürlich ebenfalls aus seewasserbeständigem Stoff hergestellt sein. Es ist wieder, wie schon früher erwähnt, darauf zu achten, daß nebeneinanderliegende Teile, wie Ventilplatten und Sitz, Zylinder und Arbeitskolben, die gleiche

Zusammensetzung haben, da sonst aus dem an Zink reicheren Material das Zink bald herausgefressen wird, was an einer Kupferfärbung des Teiles kenntlich ist. Das Material wird dadurch brüchig.

Als Zylinderlauf wird zweckmäßig eine besondere Büchse eingezogen, die leicht ersetzt werden kann, wenn ein Nachdrehen, mit dem gerechnet werden muß, nicht mehr möglich ist. Es werden meistens Plungerpumpen verwandt, aber auch doppelt wirkende Pumpen mit Kolbenringen, die oft zur Schonung des Zylinderlaufes aus Exzelsiormaterial, einer verleimten Papiermasse, hergestellt sind.

Da die Pumpen schnell umlaufen, sind starke Richtungsänderungen des Wassers in der Pumpe zu vermeiden; ferner sind bequem einstellbare Schnüffelventile anzuordnen.

Bei den angehängten Pumpen ist sorgfältig darauf zu achten, daß nicht Leckwasser ins Schmieröl gelangt. Das zur Schmierung des Zylinderlaufes verwandte Öl wird am besten nicht weiter benutzt. Es fließt mit dem Leckwasser zusammen ab.

Zur Verpackung der Stopfbüchsen empfiehlt sich in Talg (nicht Öl) getränkte Baumwollschnur.

Wenn Kreiselpumpen verwandt werden sollen, was im allgemeinen nur für die unabhängige Reservepumpe üblich ist, so sind sie reichlich zu bemessen, da ihre Liefermenge im Betriebe bald aus den eingangs erwähnten Gründen viel geringer sein wird als auf dem Versuchsstande, sodaß der vorgeschriebene Kühlwasserdruck nicht mehr erreicht wird.

Ihre Dichtungsringe müssen leicht erneuert werden können, was nach 1—2 jährigem Betriebe nötig sein wird.

9. Kühler, Filter und Luftflaschen.

Die Schiffsdieselmaschine ist mit Kühlern für Öl, Einblaseluft und Spülluft und gegebenenfalls noch für das zur Kolbenkühlung verwandte Süßwasser ausgerüstet. Sie sind etwa alle halbe Jahre zu reinigen, was in der Werkstatt durch Abkratzen, Auskochen mit Sodalauge oder Ausblasen mit Dampf geschieht, und auf Dichtigkeit zu prüfen. Die Kühler müssen vom Konstrukteur reichlich groß bemessen sein, da sie sonst dauernd gereinigt werden müssen, um die Kühlwirkung wieder zu heben, die durch Absetzen von Kesselstein und Schmutz im Wasserraum sowie Verschlammung im Ölraum bald nachläßt.

Um die Kühler vor Anfressungen zu schützen, wird als Baustoff für die Rohre eine möglichst homogene Bronze verwendet. Gut bewährt hat sich Preßmessing. Die Rohre von mindestens 1 mm Wandstärke werden stark verzinnt und in die ebenfalls vorher verzinnten Böden eingedornt oder eingelötet. Die Verzinnung ist so sorgfältig auszuführen, daß nicht die kleinste Stelle unbedeckt bleibt. Andernfalls ist diese durch die infolge der Materialverschiedenheit auftretenden elektrischen Ströme bald durchgefressen. Sehr gutes Preßmessing konnte auch unverzinnt verwandt werden. Am besten für die Instandhaltung sind Bündel aus geraden runden Rohren, die im Ganzen ausgewechselt werden können und leicht durch Neuverzinnen wieder instandzusetzen sind, wenn die Zinnschicht fortgespült ist. Es ist natürlich dazu erforderlich, den Kühler vollständig zu zerlegen und jedes Rohr einzeln in das Z nnbad zu tauchen. Dagegen können Kühler aus profilierten Rohren, z. B. ovalen, die in die Böden eingedornt sind, meist nicht wieder verwendet werden, wenn die Rohre anfangen durchzufressen. Für Kühler mit stark gebogenen Rohren wird Kupfer verwandt, das ebenfalls gut verzinnt werden muß. In den vom Seewasser bespülten Räumen sind reichlich Zinkschutzplatten anzubringen, die mit dem zu schützenden Material in leitender Verbindung stehen und die bei der Überholung zu reinigen oder zu erneuern sind. Vom Seewasser durchströmte Kühlergehäuse aus Schmiedeeisen sind nur durch etwa alljährlich wiederholtes Verzinnen oder Verbleien und Anord-

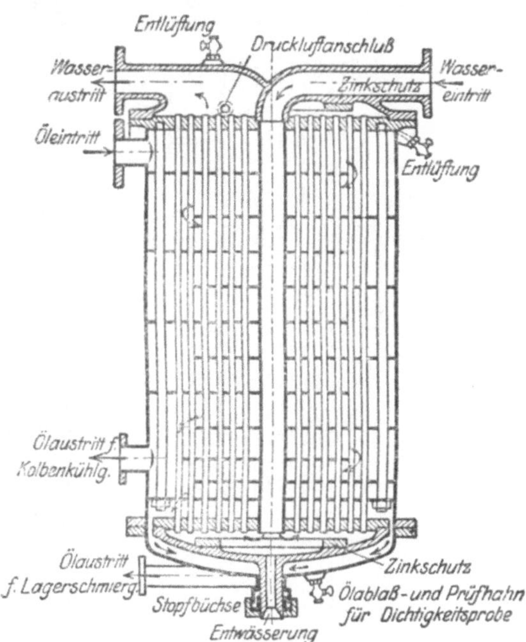

Fig. 73. Ölkühler.

nung großer leicht auswechselbarer Zinkplatten vor Anfressungen zu schützen. Meistens bestehen die von Wasser berührten Gehäuse bzw. Deckel aus Gußeisen oder Bronze.

Da die Prüfung auf Undichtigkeiten der Rohre häufig vorgenommen werden muß, sollen die Kühler möglichst so eingerichtet sein, daß sie an Bord ohne Ausbau gedrückt werden können. Das geschieht am besten bei zusammengebauter Maschine dadurch, daß die gesamten Kühlwasserleitungen und -räume von einer Pumpe unter Druck gesetzt werden und an möglichst tiefer Stelle im Öl- bzw. Luftraum der Kühler angebrachte Hähne oder Schrauben (vgl. Fig. 73 u. 74) geöffnet werden, aus denen bei undichtem Kühler Seewasser ausfließt.

Gut bewährt hat sich für Ölkühler die Bauart, bei der das Wasser durch ein stehendes Röhrenbündel strömt und das Öl senkrecht zu den Rohrachsen, durch Zwischenplatten gezwungen, oftmals quer hindurch oder von außen zur Mitte und zurück geleitet wird (Fig. 73.) Die Querschnitte für das Öl sind hier reichlich auszuführen, da leicht

Verschlammung eintritt und gegebenenfalls bei erhöhtem Widerstand die Ölpumpe nicht mehr den erforderlichen Druck schaffen kann. Das Rohrbündel kann sich unabhängig vom Gehäuse dehnen.

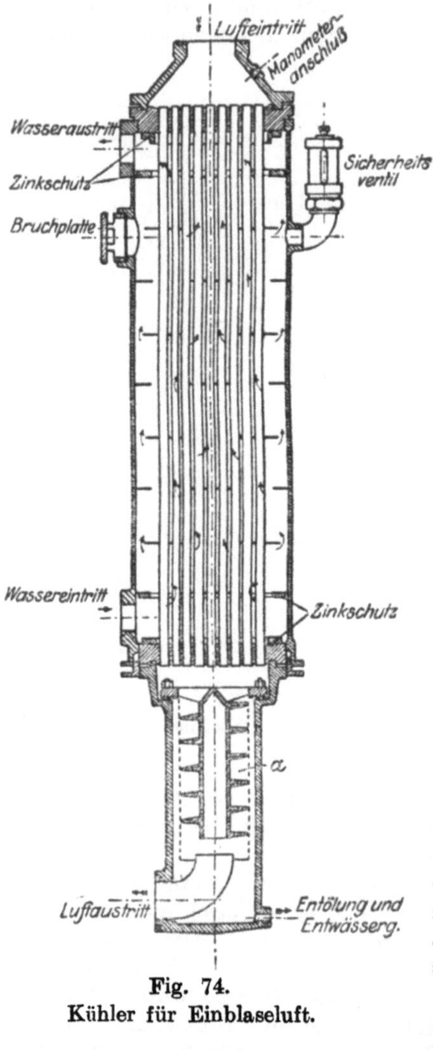

Fig. 74.
Kühler für Einblaseluft.

Bei Luftkühlern für Einblaseluft wird meistens die Luft durch das stehende Röhrenbündel geleitet, das von außen vom Wasser umspült ist. Die Rohre müssen sich bei Erwärmung ausdehnen können. Bei einem geraden Röhrenbündel ist also dessen Boden zweckmäßig in einer Stopfbüchse zu führen (Fig. 74). Unter dem Röhrenbündel ist die Vorrichtung zur Entölung und Entwässerung der Luft angebracht. Diese muß dauernd eine zuverlässige Entölung bewirken, da sonst die Pumpenventile verschmutzen und Explosionen im Verdichterzylinder eintreten können. Die Entölung geschieht meist dadurch, daß die ölreiche Luft, durch schraubenförmig gewundene Flächen a gezwungen, in Drehung versetzt und das Öl nach außen geschleudert wird. Seltener erfolgt die Reinigung durch Prallflächen, an die die Luft anstößt. Die Entölungsgefäße sind von Zeit zu Zeit zu entleeren. Dieses geschieht wie das Ausblasen der Luftgefäße durch Entwässerungsventile, die zumeist zu einer Leiste vereinigt am Bedienungsstand befestigt sind.

Da in die Gehäuse der Luftkühler bei Undichtigkeit der Kühlrohre größere Luftmengen von höherem Druck eintreten können, müssen sie mit Sicherheitsventilen oder Bruchplatten versehen sein.

Kühler und Rohrbündel müssen durch tiefliegende Schrauben oder Hähne vollständig entleert werden können.

Die Entwässerungsventile (Fig. 75) sind öfters nachzuarbeiten. Die Sitze a sind daher gesondert einzuschrauben, die Kegel b auch aus

Gründen der besseren Abdichtung lose auf die Spindeln zu setzen. Bei einigen Konstruktionen ist der Dichtungskegel unmittelbar an die Ventilspindel angedreht. Diese Ventile erfordern dauerndes Nacharbeiten und sind daher zu verwerfen. Damit die Ventilsitze zum Nachdrehen nicht ausgeschraubt zu werden brauchen, ist eine Handfräsvorrichtung mit Vorteil verwandt worden. Es ist zu beachten, daß der Sitz nicht breiter wird als 2 mm. Schmale Sitze halten besser auf die Dauer dicht als breitere. Die Abdichtung der Ventilspindel gegen den Körper erfolgt entweder durch eine Stopfbüchse (vgl. Fig. 77) oder durch Aufschleifen eines an der Spindel befindlichen Innenbundes c. Da die Ventile für wasserhaltige Luft bestimmt sind, müssen Sitz und Kegel aus nichtrostendem Material, z. B. aus einer geeigneten Bronze, hergestellt sein.

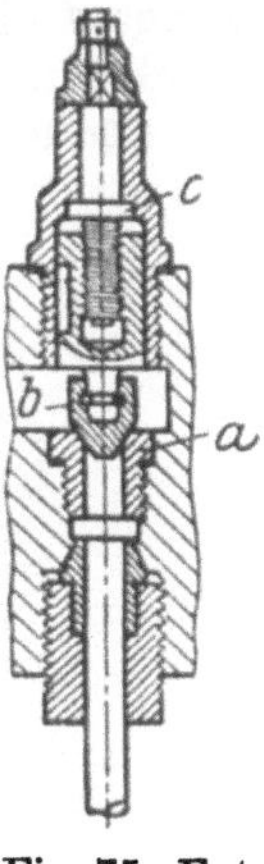

Filter. Es sind allgemein zwei umschaltbare Filter für Treiböl und Schmieröl vorhanden, von denen jedes für den vollen Betrieb ausreicht. Die alle 6—12 Stunden je nach Art des verwendeten Öles, Reinheit der Leitungen usw. vorzunehmende Reinigung kann also geschehen, ohne daß der Betrieb unterbrochen wird. Vor und hinter dem Filter sind Manometer anzubringen, an denen der Druckabfall im Filter und damit der Grad der Verschmutzung zu erkennen ist. Übersteigt der Druckabfall den zulässigen Betrag, so sind die Siebe auszubauen und zu reinigen. Die Filtersiebe müssen von der Seite her, an welcher sich der Schmutz absetzt, bequem zugänglich sein. Bei den Filtern

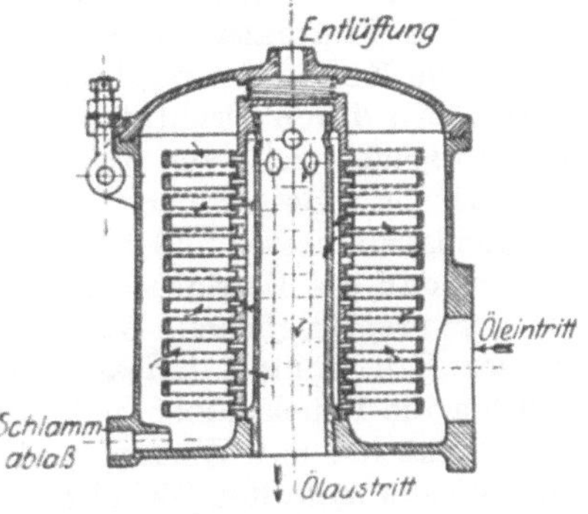

Fig. 75. Entwässerungsventil für Einblaseluft.

nach Fig. 76 erfolgt der Durchtritt am besten von außen nach innen. Die Siebfläche besonders für das Schmieröl muß sehr reichlich gehalten sein, für normale Verhältnisse ist der 50—100fache Rohrquerschnitt in Siebfläche auszuführen.

Die feinmaschigen Siebe müssen durch Lochbleche oder Gitter vor Zugbeanspruchungen bewahrt bleiben. Es ist vorgekommen, daß während des Betriebes unbemerkt die Filtersiebe abgerissen sind, wodurch Verstopfungen der Ölbohrungen und schwere Beschädigungen der Maschinen eingetreten sind. In

Fig. 76.
Schmierölfilter.

einem Falle z. B. wurden die Kolben schlecht nachgekühlt, es bildete sich Koks in ihnen, der abblätterte und die Filter zusetzte, deren Siebe darauf rissen. Die weitere Folge war, daß der scharfkantige Koks in die Lager gelangte und diese verkratzte und stark abnutzte. Die Deckel der Filter müssen natürlich bequem lösbar sein;

die Befestigung kann z. B. durch Klappschrauben mit Flügelmuttern erfolgen.

Luftflaschen. Als Material für Luftflaschen ist Nickelstahl besser geeignet als Flußeisen, natürlich auch teurer. Die Gefäße aus Nickelstahl sind leichter und neigen nicht in dem Maße zu Anfressungen wie eiserne. Die Flaschen müssen alle 1—2 Jahr ausgebaut und instand-

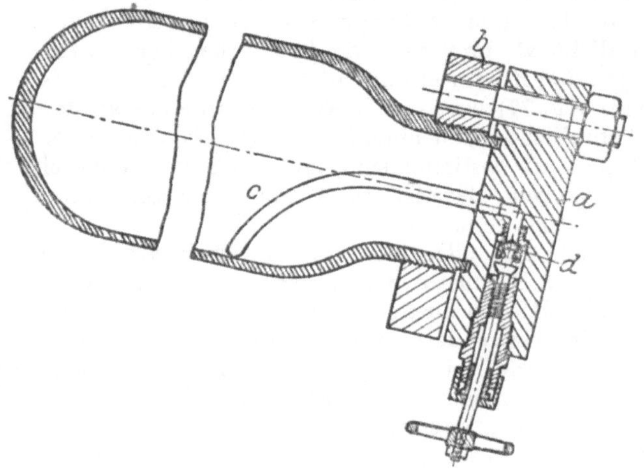

Fig. 77. Luftflasche.

gesetzt werden. Leichte Ausbaumöglichkeit der vor Hitze und rostbildenden Einflüssen zu schützenden Gefäße muß daher vorgesehen sein. Die Konservierung besteht in einer gründlichen Reinigung innen und außen durch Drahtbürsten, Auskochen in Firnis und Erneuerung des Außenanstrichs von Teerölfirnis und des Innenanstrichs von Rostschutzfarbe. Besser noch ist Verzinnen. Die Tiefe etwaiger Anfressungen ist zu messen und darüber Buch zu führen. Sind die Anfressungen so tief, daß die Betriebssicherheit nicht mehr gewährleistet wird, etwa $\frac{1}{5}$ der ursprünglichen Wandstärke, so wird die Flasche verworfen. Dieser Fall kommt indessen selten vor. Bei brauchbaren Gefäßen werden die Druckproben mit höherem als dem Betriebsdruck wiederholt, zunächst mit Wasser, dann mit Luft, wobei die Flasche in einen mit Wasser gefüllten Behälter gelegt ist.

Anfressungen zeigen sich meist nur an den Stellen, an welchen Wasser in der Flasche stehenbleiben kann, also bei stehenden Flaschen im Boden, bei liegenden an der unteren Wand. Von vornherein ist daher die Möglichkeit vorzusehen, daß liegende Flaschen nach dem Wiedereinbau in eine andere Lage gebracht werden können und stehende einen stärkeren Boden erhalten.

Die in liegender Ausführungsform in Fig. 77 dargestellte Flasche muß einen weiten Hals besitzen, damit die Konservierung möglich ist.

Die Befestigung des Kopfes *a* erfolgt in geeigneter Weise durch Aufschrauben des Kopfes auf einen auf das Außengewinde des Halses gesetzten Flansch *b*. Als Dichtung ist ein im Zackenprofil gedrehter Ring aus homogenem Kupfer zu verwenden (Fig. 67), der in einer Nute des Flaschenkopfes oder -halses liegt. Diese Nute ist nicht an der Trennstelle des Halses und des aufgeschraubten Flansches anzuordnen (Fig. 78), da dieser durch kleine Verdrehungen leicht etwas höher oder tiefer kommen kann, wodurch häufig Undichtheiten und Nacharbeiten veranlaßt wurden. Zum mindesten muß der Flansch möglichst fest aufgeschraubt und so gegen Drehung gesichert werden, daß er selbst bei Stößen nicht die geringste Bewegung mehr ausführen kann.

Das starkwandige Entwässerungsrohr *c* in Fig. 77 das bis auf die tiefste Stelle der Flasche geführt ist, muß durch Einschrauben im Kopf befestigt und durch Schweißen oder Löten gesichert sein. Bei liegenden Flaschen ist außen eine Marke anzubringen, damit das Entwässerungsrohr sicher an die tiefste Stelle gelangt und die Entwässerung vollständig erfolgen kann. In einem Falle hatte sich das Entwässerungsrohr eines vor dem Hochdruckzylinder des Verdichters befindlichen Abscheidegefäßes gelöst, so daß Wasser und Öl nicht mehr ausgeblasen werden konnten. Die Folge war eine Schmierölexplosion in der Hochdruckstufe.

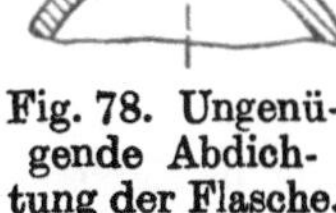

Fig. 78. Ungenügende Abdichtung der Flasche.

Über die Ventile im Flaschenkopf gilt ebenfalls das für die Entwässerungsventile Gesagte. Insbesondere sind die Kegel *d* der Ventile lose auf die Spindel zu setzen, da es andernfalls unmöglich ist, auf die Dauer Dichtung zu erreichen.

10. Rohrleitungen und Dichtungen.

Da von den Rohrleitungen der Schiffsdieselmaschinen die Betriebssicherheit wesentlich mit abhängt, so muß bei ihrer Herstellung sehr gewissenhaft und geschickt gearbeitet werden. Daß Sauge- und Druckleitungen für Flüssigkeiten bis zur Pumpe bzw. von hier ab ansteigend zu verlegen sind, daß stärkere Richtungsänderungen und Luft- oder Wassersäcke vermieden werden müssen, wird erwähnt, weil immer noch Verstöße hiergegen vorkommen. Vor dem Einbau ist das Innere der Rohrleitungen durch Ausblasen, Ausbürsten oder Beizen sorgfältig zu reinigen, besonders wenn sie zum Biegen mit Sand angefüllt waren. Erfahrungsgemäß treten die meisten Havarien durch Verstopfung von Rohrleitungen, Ölbohrungen und Filtern im ersten Betriebsmonat auf. Wenn bei Überholungen aus Rohrleitungen einzelne Stücke zur Instandsetzung entfernt worden sind, so sind die an Bord verbleibenden Enden gegen Eindringen von Schmutz nicht durch Lappen oder Twist, sondern durch Blindflanschen oder abgesetzte Hartholzstopfen zu verschließen, da die vollständige Entfernung besonders des Twistes beim Zusammenbau häufig übersehen wird. Die Folge sind Betriebsstörungen und langes Suchen nach der verstopften Stelle.

Kühlwasserleitung. Für Seewasser führende Leitungen bewährt sich am besten Kupfer, für das des besseren Aufschweißens wegen Bronzeflanschen verwendet werden. Es können auch zur Bronzeersparnis lose Eisenflanschen in Verbindung mit einem auf das Rohr geschweißten Bronzering vorgesehen werden (Fig. 79). Für Bronzeflanschen werden besonders bei in der Bilge liegenden Leitungen Bronzeschrauben, für Eisenflanschen, die nicht mit Seewasser in Berührung kommen, Eisenschrauben genommen. An der Flanschverbindung wird zweckmäßig ein Ring aus Eisen zum Schutz gegen Anfressungen in das Rohr eingesetzt. Sollen flußeiserne Rohre, auf die man die Flanschen häufig autogen aufschweißt, für eine Kühlwasserleitung verwandt werden, so sind diese nach der Fertigstellung zu verbleien oder zu verzinken. Der Überzug muß aber nach höchstens einjährigem Betrieb erneuert werden, da er besonders an den Stellen starker Strömung wie Krümmern allmählich abgewaschen wird. Danach ist dann das Rohr bald durchgefressen. Unverzinnte Rohre aus Flußeisen

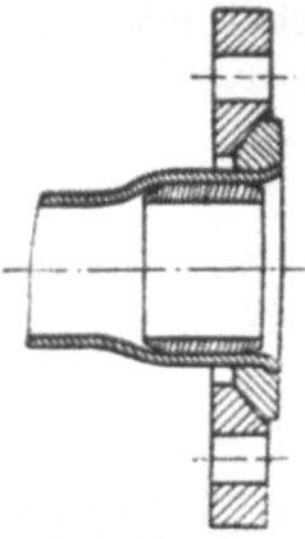

Fig. 79. Kupferrohr mit Eisenschutz.

mußten schon nach halbjährigem Betrieb zum Teil erneuert werden. Werden Stücke aus Kupfer in eine eiserne Leitung eingesetzt, so sind diese innen zu verzinnen, da sonst die in der Nähe liegenden Eisenwandungen durch galvanische Einflüsse bald zerstört werden. Gußeisen hat sich im Seewasser jahrelang gehalten, natürlich sind aber gußeiserne Leitungen für den Schiffsbetrieb wegen ihres großen Gewichtes und der Schwierigkeit beim Anpassen nur im beschränkten Umfange verwendbar. Als Packung für Kühlwasserleitungen wird Gummi mit Einlage oder Pappe bei glatten Flanschen benutzt. Die teurere Gummipackung wird zweckmäßig an schlecht zugänglichen Stellen oder bei schlecht aneinanderschließenden Flanschen angewandt, für die übrigen Flanschen reicht Pappe aus.

An die mit Zinkschutz versehene Gräting zu Beginn der Kühlwasserleitung muß unbedingt ein Bordwandabschluß, ein Bodenventil, anschließen, damit an der Leitung Arbeiten vorgenommen werden können. Man findet immer noch kleinere Schiffe, bei denen das Ventil weiter entfernt, z. B. vor der Pumpe, sitzt. Die Wassergeschwindigkeit in der Saugleitung kann bis zu 2 m/sec betragen, in der Druckleitung darf sie unter Umständen größer sein.

Schmierölleitungen. Schmierölleitungen größeren Durchmessers werden im allgemeinen aus Eisen, kleinere, besonders wenn sie innerhalb der Kurbelwanne liegen, aus Kupfer hergestellt, das nach mehreren Jahren ausgeglüht wird, um Hartwerden der Rohre und Brüche zu vermeiden. Eiserne Leitungen müssen gut angepaßt sein, d. h. sie dürfen nicht durch übermäßiges Heranholen der Rohre mit den Flanschenschrauben auf Spannung gebracht werden, da sonst die Armaturen in diesen Leitungen nicht dicht zu bekommen sind. Es ist häufig beobachtet, daß Dreiwegehähne in eisernen Leitungen oftmals nachgeschliffen werden mußten, da sich ihr Gehäuse unter der Spannung der Rohrleitung verzog, und daß Pumpenkreisel aus dem gleichen Grunde durch Verziehen ihres Gehäuses festgebremst wurden. Der Fehler läßt sich nur durch Nachbiegen der Rohrleitung oder Einbau von Paßstücken beseitigen. Allgemein wird empfohlen, in eisernen Leitungen befindliche Ventile und Hähne bei zusammengebauter Leitung an Bord einzuschleifen.

Als Packungsstoff hat sich in Firnis getränkte feste Pappe und für unzugängliche oder schwer zu dichtende Stellen Fahlleder bewährt. Die Flanschen sind glatt ausgeführt, d. h. ohne Nut und Feder.

Die Ölgeschwindigkeit sollte in Saugeleitungen 1 m/sec, in Druckleitungen 2 m/sec nicht übersteigen.

Hochdruckluft- und Brennstoffleitungen. Hochdruckleitungen werden aus nahtlosen Stahl- oder Kupferrohren angefertigt. Für größere Leitungen z. B. für Anlaßluft kann Stahl verwandt werden; die Flanschen sind hierfür stets mit Nute und Feder zu versehen. Für Brennstoffleitungen wird auch bei kleinerem Durchmesser meist Stahlrohr benutzt, das an dieser Stelle weniger zu Anfressungen neigt als Kupfer. Die Dichtung der kleineren Rohre erfolgt in bekannter Weise durch einen aufgelöteten Konus aus Kupfer oder Bronze, der durch eine Überwurfmutter in dem Gegenkonus festgezogen wird. Für stärkere Hochdruckleitungen sind als Packung nur Kupferringe mit scharfen Erhöhungen (Fig. 67) oder glatte Kupferasbestringe zu empfehlen. Antimon hat sich weniger gut bewährt, auf die Dauer an dieser Stelle unbrauchbar ist Klingerit oder Blei.

Solche Rohre, die durch ein Druckminderventil an Leitungen höheren Druckes angeschlossen sind, müssen ein Sicherheitsventil erhalten.

Auspuffleitungen. Doppelwandige gekühlte Auspuffleitungen aus Kupfer haben keine Störungen verursacht. Dagegen wurden schmiedeeiserne Leitungen von dem heißen Seewasser schon nach einjährigem Betrieb durchgefressen. Die Durchlöcherung beginnt gewöhnlich an den Schweißstellen meist nach dem Auspuff hin, selten nach außen, wieder ein Beweis dafür, daß schon eine geringe Materialverschiedenheit schädliche galvanische Ströme hervorruft. In letzter Zeit ist mit einer Verbleiung der Wasserräume begonnen, indessen wird es kaum gelingen, bei diesen komplizierten und unzugänglichen Räumen eine homogene Verbleiung herzustellen. Es würden sich Versuche mit Stahlgußleitungen mit aufgeschweißtem oder aufgeschraubtem Blechmantel lohnen. Im letzteren Falle wären die Kühlwasserräume zugänglich und die Verbleiung könnte nachgeprüft und erneuert werden. Auf jeden Fall sollten die Schweißstellen nach Möglichkeit der Einwirkung des Seewassers entzogen sein, d. h. die Schweißung sollte von außen vorgenommen werden.

Als Dichtung für die glatten Flanschen wird Klingerit verwandt, das mit Graphit bestrichen ist, damit die Packung sich leicht loslösen und wieder verwenden lassen kann.

Die Anordnung von Stopfbüchsen, die die Ausdehnung aufnehmen, hat sich als überflüssig erwiesen.

Die Auspuffleitung ist so anzuordnen, daß die Zylinder einzeln abgebaut werden können, ohne daß sie abgenommen werden muß. Sie ist aus nicht zu großen möglichst unter sich gleichen Stücken zwecks leichten Ersatzes zusammenzusetzen.

Die Einlagen der Auspufftöpfe werden durch die stoßweise austretenden Abgase oft in Schwingungen versetzt, wobei sie die Wandungen durchscheuern. Um dieses zu verhüten, sollten die Querwände d in Fig. 32 breite Auflageflächen erhalten und, soweit dieses mit Rücksicht auf die Wärmedehnungen möglich ist, fest mit der Wandung verschraubt werden.

11. Verschiedenes.

Im folgenden sollen noch einige Besonderheiten besprochen werden.

Die Konstruktion muß ermöglichen, daß der Brennstoff und die Einblaseluft für jeden einzelnen Zylinder bequem während des Ganges der Maschine abgestellt werden können. Bei einer leichteren Störung wie Warmwerden eines Lagers kann dann nach Abstellen des Brennstoffes der Kolben leer mitlaufen. Bei größeren Beschädigungen, wie z. B. Fressen des Kolbenbolzenlagers, muß der Arbeitskolben mit der Schubstange und ebenso der Verdichterkolben nach Ausbau des Kurbelzapfenlagers aufgehängt werden können. Der Kolben wird dabei, wie Fig. 80 zeigt, in seine obere Totlage geschoben und durch Winkeleisen a abgestützt. Die Schubstange wird durch einen Bügel b an im Kastengestell befindlichen Schrauben befestigt. Das Ölloch in der Kurbelwelle wird dann mit einer gut gesicherten Schraube verschlossen, Brennstoff und Einblaseluft werden abgestellt, und die Maschine ist mit stark verminderter Umdrehungszahl weiter betriebsbereit. Die gleiche Möglichkeit ist auch für die angehängten Kühlwasser- und Schmierölpumpen vorzusehen. Im Falle einer Störung an diesen wird der betreffende Kolben meist zusammen mit der Schubstange festgesetzt, und der Motor wird entweder von den Pumpen der anderen Maschinenseite oder den meist vorhandenen Reservepumpen

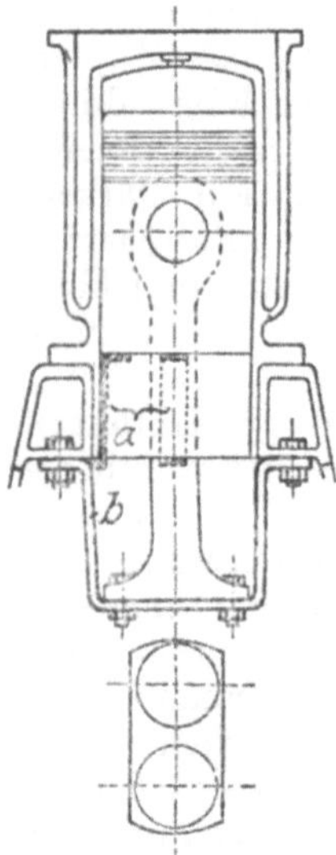

Fig. 80.
Kolbenaufhängung.

mit Kühlwasser oder Schmieröl versorgt. Wenn ein Verdichter ausfällt, so kann in gleicher Weise der Verdichter der zweiten Maschine oder eine etwa an Bord befindliche Hochdruckluftanlage zur Lieferung der Einblaseluft herangezogen werden.

Wenn die Feder a eines Einlaß- oder Auslaßventils gebrochen ist, kann die Maschine durch die in Fig. 81 dargestellten Einrichtung schnell wieder betriebsfähig gemacht werden. Die Ventilspindel wird durch eine Zugfeder b an einem auf dem Zylinderdeckel angebrachten Bock f oder einer

über der Maschine befindlichen Stange aufgehängt, was sich leicht durch
Einhängen der Gabel *c* an die Querbolzen *d* der Spindel erreichen läßt.

Als Beispiel dafür, welche Sorgfalt bei der Konstruktion auch auf
scheinbar nebensächliche Teile zu verwenden ist, soll
ein geeigneter Schmierölbetriebsbehälter beschrieben
werden. Unter dem Ölaustrittsrohr *a* (Fig. 82) befindet
sich ein Blech *b*, das die Geschwindigkeit vermindert
und ihre Richtung ändert, so daß sich Schmutz-,
Schlamm und Koksteile auf dem Boden der ersten
Kammer absetzen können, die von dem übrigen
Behälter durch eine feste im oberen Teil durchlochte
Wand *c* abgeteilt ist. Zum Ablassen der Verunreinigungen ist ein Hahn *d* angeordnet, der gegen un-
beabsichtigtes Öffnen gesichert sein muß. Das Ölab-
saugrohr *e* mit Fußventil und Sieb befindet sich am
anderen Ende des Behälters etwa 100 mm über dem
Boden und muß mit beiden Teilen schnell und bequem
herausgenommen werden können, da das Sieb und
das möglichst einfach zu bauende Ventil öfter nachzusehen sind. Zu diesem Zwecke ist auf den Behälter ein
Deckel *f* angeordnet, sowie der Flansch *g* mit Klapp-

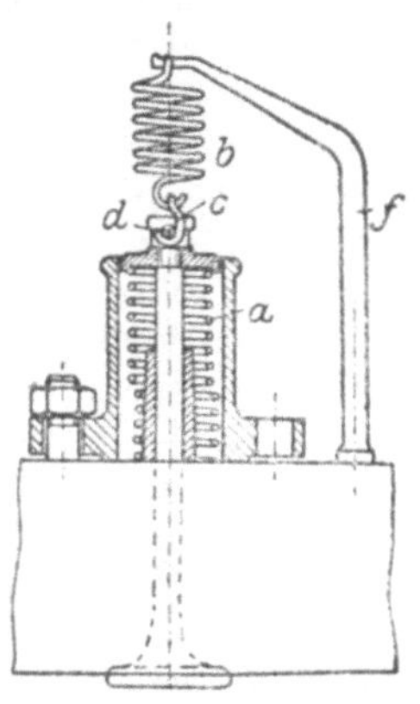

Fig. 81. Ventilaufhän-
gung bei Federbruch.

schrauben versehen. Auf dem Behälter befindet sich noch ein kurzes
Peilrohr *h*, das mit einer luftzulassenden Kappe verschlossen, gleich
zeitig zur Be- und Entlüftung dienen kann. Ein Teil des oberen Deckels
ist leicht abnehmbar, da der Behälter öfters gereinigt werden muß.

Für die Instandsetzungsarbeiten
ist es dringend erwünscht, daß schon
bei der Konstruktion überlegt wird,
welche Teile der Abnutzung unterworfen sind und wie ein Ersatz schnell
und billig vorgenommen werden
kann. In vielen Fällen kann bei ausreichender Wandstärke durch Einziehen oder Überziehen von Büchsen aus
Bronze oder Stahl die Neuanfertigung
eines teuern Stückes vermieden werden. Das gilt vor allem für Zylinder und
die Augen von Hebeln aller Art. Weiter
sollte die Wandstärke solcher Teile, die
wie z. B. manche Pumpengehäuse von
innen nicht zugänglich sind, nicht zu

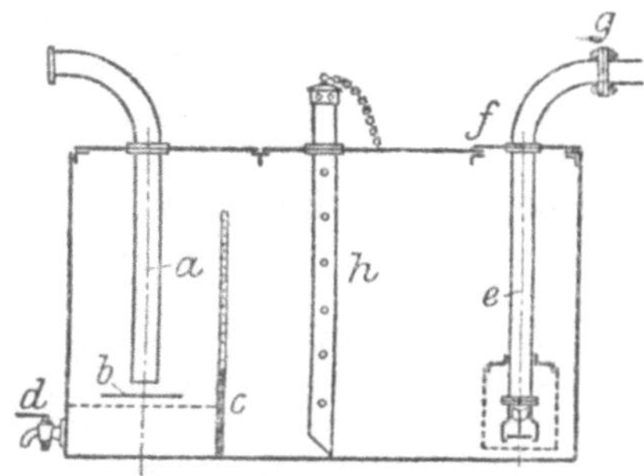

Fig. 82.
Schmieröl-Betriebsbehälter.

gering gemacht werden. Es hat oft die Notwendigkeit vorgelegen, solche
Gehäuse, die gerissen waren, durch Aufsetzen eines aufgeschraubten
Flickstückes schnell wieder verwendungsbereit zu machen, was aber
die schwache Wandung, die kein Gewinde hielt, nicht zuließ. Autogenes
Schweißen dieser meist genau bearbeiteten Stücke sollte nach Möglich-
keit vermieden werden, wenn nicht sehr geschickte Schweißer mit großen

Erfahrungen zur Verfügung stehen, da die Teile sich hierbei immer mehr oder weniger verziehen. Einfacher und sicherer ist es, durch aufgeschraubte oder genietete Flickstücke oder eingeschraubte oder eingewalzte Büchsen ein wertvolles Stück wieder instandzusetzen. Schmiedeeisen, z. B. in ausgearbeiteten Bohrungen von Gestängen oder selbst zu schwach gewordenen geführten Stangen läßt sich sehr gut autogen schweißen und nachher bearbeiten. Dagegen sind Bronze-, Stahlguß- oder Gußeisenstücke häufig nach dem Schweißen porös und fordern ferner größere Nacharbeiten der verzogenen bearbeiteten Flächen. Weiter sollte der Konstrukteur mehr darauf Rücksicht nehmen, daß nicht zu viele Ersatzteile nötig sind, also z. B. Pumpenteile, Ventile, Schubstangen, Lagerschalen unter sich gleich ausführen und an mehreren Stellen verwenden. Insbesondere sollten die Teile der St. B.- und B. B.-Maschine untereinander austauschbar und nicht Spiegelbilder sein.

Zusammenfassend soll allgemein über die schnellaufende Schiffsdieselmaschine bemerkt werden, daß bei der Konstruktion, der Bauausführung und dem Betrieb mit großer Sorgfalt, Gewissenhaftigkeit und Sauberkeit verfahren werden muß, da sonst dauernde Störungen zu erwarten sind. Das Wort: Kleine Ursache, große Wirkung, gilt ganz besonders auch für die Dieselmaschine. Jeder kleine Mangel ist möglichst bald zu beseitigen. Größere Beschädigungen, deren Reparatur viel Zeit und große Kosten verursacht, sind oft auf ganz geringe Ursachen zurückzuführen, wie an einigen Beispielen erläutert werden soll.

Ein Splint in einem Gestängebolzen einer Pumpe war mangelhaft umgebogen und herausgefallen. Danach löste sich der Bolzen und das Gestänge und die Pumpe wurden größtenteils von der weiterlaufenden Maschine zertrümmert.

In der Kühlwasserführung der Arbeitskolben wurden als Dichtung unverzinnte Kupferscheiben verwandt. Nach etwa halbjährigem Betrieb waren die Kolben in der Nachbarschaft dieser Dichtungsscheiben so angefressen, daß das Kühlwasser in die Wanne lief und zur Beseitigung des Schadens die Kolben ausgebaut und nachgearbeitet werden mußten.

Durch ein Versehen des Gießers war in das Weißmetall zum Ausgießen der Kolbenbolzenlager zuviel Blei genommen. Nach etwa 10 tägigem Betrieb waren die Schmiernuten dicht geschoben und Lager und Kolbenbolzen wurden vollständig unbrauchbar.

Diese Beispiele ließen sich noch beliebig vermehren. Die Erfolge einer Dieselmaschine, die Möglichkeit, sie mehrere Wochen hintereinander im störungsfreien Dauerbetrieb zu erhalten, setzen dreierlei voraus. Erstens eine gute Maschine, die meist aus einer längere Zeit im Betriebe befindlichen auf Grund langer Erfahrungen heraus entwickelt ist. Zweitens ein aufmerksames Bedienungspersonal, das seine Anlage mit ihren Eigenarten und Schwächen genau kennt und weiß, welche Fehler gemacht und wie sie vermieden werden können. Und drittens ist erforderlich ein erfahrenes Instandhaltungspersonal, das ebenfalls mit der Anlage vollständig vertraut ist und mit größter Zuverlässigkeit arbeitet.

IV. Der Betrieb der Dieselmaschine.

1. Vor der Inbetriebsetzung.

Vor der Wiederinbetriebnahme einer Dieselmaschine nach einer Überholung ist es nötig, eingehende Druckproben vorzunehmen. Vor allem müssen die Kühlwasserräume und Leitungen unter den vorgeschriebenen Druck gesetzt und Undichtigkeiten beseitigt werden. Nach Aufnehmen der Schaudeckel vom Kurbelkasten überzeugt man sich, daß an keiner Stelle Kühlwasser in die Kurbelwanne übertritt — das kann z. B. vorkommen an den unteren Kühlwasserraumstopfbüchsen der Arbeitszylinder, sowie an evt. vorhandenen Durchbrechungsstellen der Kurbelwanne zwischen zwei benachbarten Zylindern usw. Danach wird die gesamte Schmierölleitung mit Schmieröl gedrückt. Nachdem alle Undichtigkeiten beseitigt sind, wird nachgesehen, ob aus jedem Kolbenbolzenlager Öl austritt; hierzu ist es nötig, die Maschine von Hand zu drehen, da das Öl nicht in jeder Lage durch das Schubstangenlager in das Kreuzkopflager aufsteigt. Wenn aus einem Lager zu wenig oder kein Öl austritt, ist es aufzunehmen und der Fehler, meist eine Verstopfung der Ölbohrungen, zu beseitigen.

Es empfiehlt sich ferner, die Einblaseluftleitung vor der Inbetriebsetzung der Maschine unter Druck zu setzen. Schon eine kleine Undichtigkeit in der Einblaseluftleitung läßt so viel Luft entweichen, daß die Einblasepumpe nicht mehr genügend Einblaseluft für die Brennstoffventile liefern kann. Eine 500 PS schnellaufende Dieselmaschine hat z. B. bei voller Belastung einen Einblaseluftverbrauch von etwa 75 l von 1 at. in der Sekunde. Die gleiche Luftmenge kann bei normalem Einblasedruck aus der Einblaseleitung durch ein Loch von nur etwa 4 mm Durchmesser entweichen. An dieser Zahl sieht man, welch großen Einfluß kleine Undichtigkeiten in der Luftleitung, die vor allem an den Packungen der Brennstoffnadeln und an den Flanschdichtungen der Einblaseluftleitung mitunter auftreten, auf die Einblaseluftmenge haben. Wenn die Einblaseluftleitung unter Luftdruck gesetzt wird, können die Undichtigkeiten an den Geräuschen und durch Abfühlen der Leitungen auf Luftzug festgestellt werden.

Wenn während der Überholungszeit Arbeiten am Verdichter vorgenommen worden sind, empfiehlt es sich, die einzelnen Verdichterstufen vor der Inbetriebnahme zu drücken. Zu diesem Zwecke werden nacheinander die Ventile — von der obersten Stufe angefangen —

herausgenommen und nach Dichtsetzung der Ventilöffnungen Druck auf die Einblaseleitungen gegeben.

Dann wird die Einstellung der Steuerung geprüft. Es werden zunächst die Abstände zwischen Nockenscheibe und Rolle in einer Lage, in der die Rolle nicht auf den Nocken aufläuft oder aufgelaufen ist, mittels eines Spekulanten — Blechstreifen von versch edener Stärke — nachgemessen (Fig. 83) und die von der Lieferfirma vorgeschriebenen Spiele eingestellt. Die Lieferfirma wird zweckmäßig ziemlich geringe Rollenspiele vorschreiben. Bei größerem Spiel schlägt die Rolle im Augenblick des Eröffnens zu hart an den Nocken an und der Nockenauflauf wird infolgedessen rasch abgenutzt. Wenn das Rollenspiel zu gering ist, besteht die Gefahr, daß die Rolle bei den durch die Erwärmung der Maschine erfolgenden Verziehungen der Bauteile dauernd auf der Scheibe läuft, so daß das Ventil nicht zum vollständigen Schluß kommt und durch die heißen Auspuffgase schließlich verbrennt. Zweckmäßig zu wählende Spiele sind auf S. 91 angegeben.

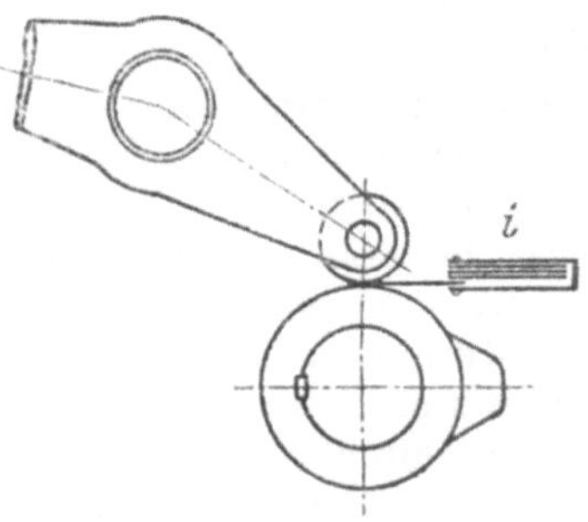

Fig. 83. Einstellen des Rollenabstandes.

Von Zeit zu Zeit empfiehlt es sich, die Einstellung der Steuerung, nachdem die Rollenlose mittels Spekulanten auf das richtige Maß gebracht worden ist, nachzuprüfen. Zum Zwecke der Prüfung des Brennstoffeintrittes wird Einblaseluft auf die Brennstoffventile angestellt und die Maschine mit geöffneten Indizierventilen so lange von Hand langsam gedreht, bis das Brennstoffventil des betreffenden Zylinders sich eben zu öffnen beginnt, was an einem leichten Blasen der durch die Brennstoffnadel in den Zylinder eintretenden Einblaseluft bemerkbar wird. In gleicher Weise wird der Ventilschluß festgestellt; hierzu wird die Maschine entgegen dem Drehsinn von Hand so lange gedreht, bis die Ablaufkurve des Nockens auf die Rolle einwirkt und das Brennstoffventil eben geöffnet wird.

Es ist zu beachten, daß während des Abblasens alle Indizierventile offen stehen, da bei Ansammlung von Einblaseluft in einem Arbeitszylinder die Gefahr besteht, daß die Maschine plötzlich anspringt und die eingeschaltete Handdrehvorrichtung beschädigt; das an der Handdrehvorrichtung beschäftigte Bedienungspersonal kann in einem solchen Falle leicht zu Schaden kommen.

Vor dem Anlassen wird ferner Brennstoff in die Treibölleitung der Maschine mit der an der Brennstoffpumpe angebrachten Handpumpe gepumpt. Zu diesem Zwecke werden die Probierventile in der Brennstoffleitung, die kurz vor dem Rückschlagventil am Brennstoffventil eingeschaltet sind, geöffnet. Es wird so lange von Hand gepumpt, bis reiner Brennstoff ohne Beimischung von Luftblasen aus jedem Probierventil austritt. Dann werden die Probierventile geschlossen und noch 3—5 Schlag Brennstoff mit der Handpumpe in das Brennstoffventil gedrückt.

Im Anschluß daran wird die Maschine durch Ingangbringen der elektrisch angetriebenen Reserveschmierpumpe oder, wenn keine solche vorhanden ist, der Handschmierölpumpe, gut geschmiert. Die Schmierpressen oder Boschöler für die einzelnen Verdichterstufen — der Verdichter muß wegen des hohen Gegendruckes unter erheblichem Druck geschmiert werden — werden aufgefüllt und von Hand vorgepumpt. Die nicht an die Umlaufschmierung angeschlossenen Teile — z. B. die Ventilspindeln — werden von Hand durchgeschmiert.

Vor dem Ansetzen der Maschine mit Druckluft empfiehlt es sich ferner, die Maschine bei geöffneten Indizierventilen durch Betätigen der Handdrehvorrichtung einmal herumzudrehen. Wenn dabei Wasser aus einem Indizierventil austritt, so darf erst nach Beseitigung der Störungsursache zum Anlassen mit Druckluft übergegangen werden.

Beim ersten Ansetzen soll das Anlaßventil nur ganz vorsichtig geöffnet werden, so daß sich die Maschine nur langsam in Bewegung setzt. Wenn genügend Anlaßluft vorhanden ist, ist es zweckmäßig, die Maschine das erstemal nach längerer Überholungszeit mit ein wenig geöffneten Indizierventilen in Gang zu setzen und den mit lautem Pfeifen aus den Indizierventilen austretenden Luftstrom auf Mitführen von Wasserteilchen zu untersuchen. Nach den ersten Umdrehungen werden die Indizierventile geschlossen und die Steuerung von Anlassen auf Betrieb umgelegt. Die Einblaseflasche soll beim Ansetzen auf etwa 10 at. über dem Verdichtungsenddruck in den Arbeitszylindern, also auf 40—45 at., aufgefüllt sein; das Drosselventil in der Ansaugeleitung des Verdichters ist ganz geöffnet.

2. Die erste Inbetriebnahme.

Nach dem Ansetzen überzeugt man sich, daß alle Zylinder zünden. Man öffnet zu diesem Zwecke nacheinander die Indizierventile an den Arbeitszylindern und besichtigt den während der Verdichtungs- und Verbrennungsperiode austretenden Luft- bzw. Feuerstrahl. Die Manometer — insbesondere die für Einblasepumpe, Schmierung und evtl. Kühlung — werden beobachtet; sie müssen bald nach dem Ansetzen normale Werte anzeigen.

Während der Erprobung wird jedes außergewöhnliche Geräusch aufmerksam verfolgt. Sehr wertvoll ist es, wenn die Brennstoffzuführung für jeden Zylinder getrennt an der Brennstoffpumpe durch einfachen Handgriff abgestellt werden kann, wie das z. B. bei den Brennstoffpumpen der Firma Körting der Fall ist (das Saugventil eines jeden Pumpenaggregates kann durch Umlegen eines am Pumpengehäuse angebrachten Hebels dauernd aufgedrückt werden). Es empfiehlt sich in diesem Falle, alle Zylinder nacheinander für kurze Zeit aus- und dann sofort wieder einzuschalten und die Änderung des Maschinengeräusches, die durch das Abschalten eines jeden Zylinders verursacht wird, zu beobachten. Erfahrungsgemäß wird aber eine derartige Er-

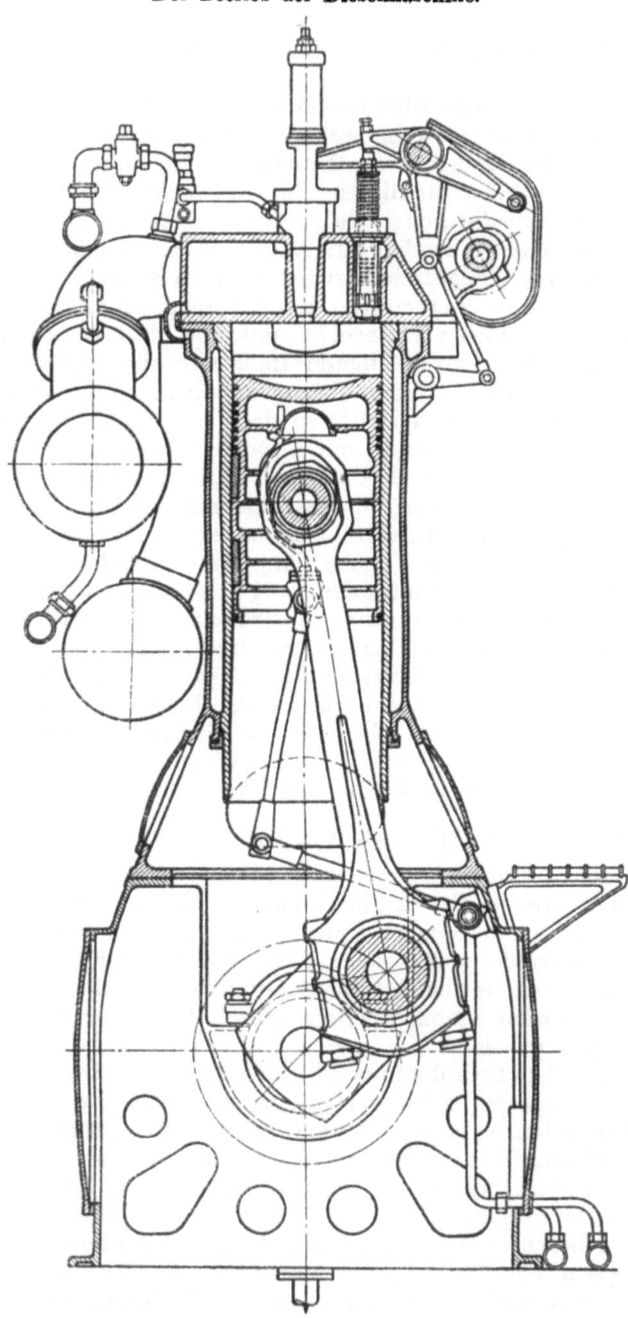

Fig. 84
Sechszylindrige Dieseldynamo der M. A. N., Werk Augsburg von 450 PSe-Leistung

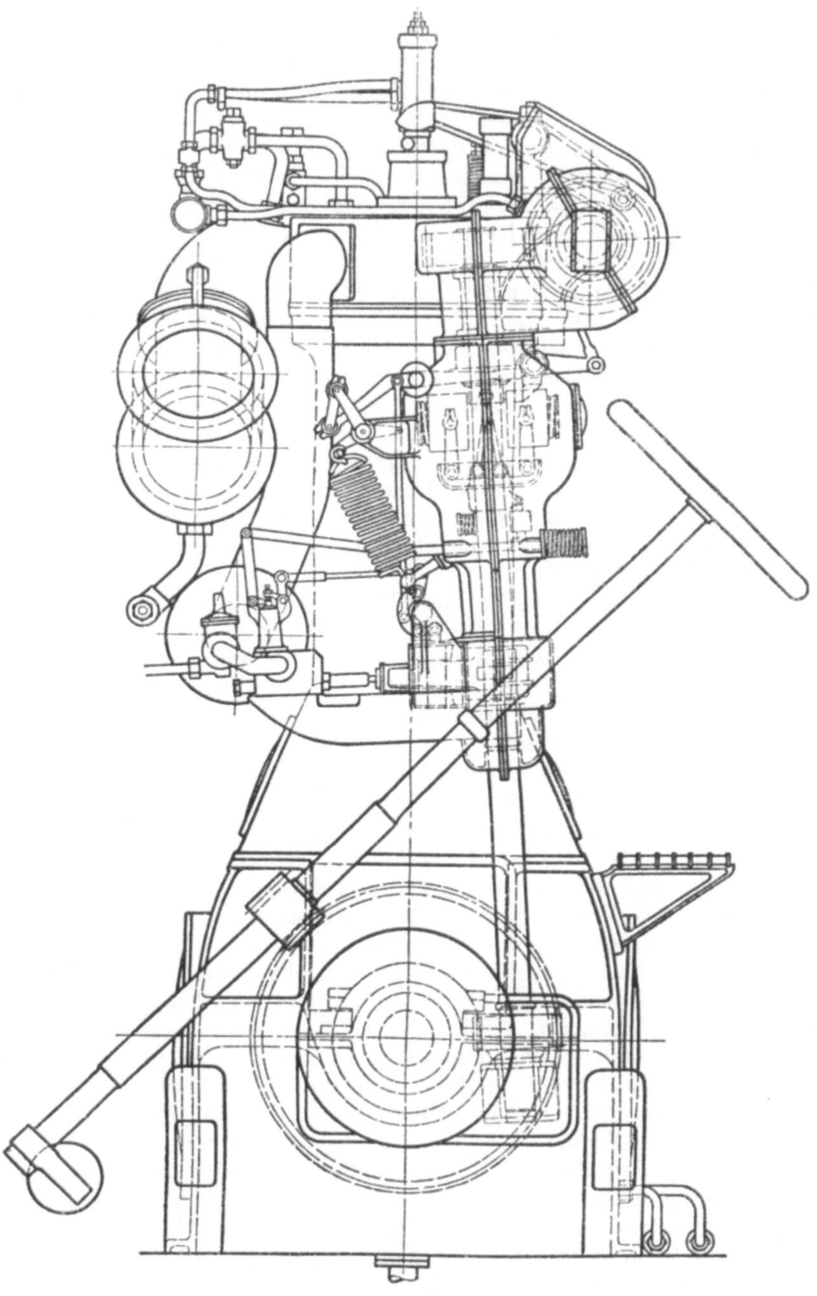

und 85.
bei 400 Umdrehungen/Min. Zylinderbohrung $d = 300$ mm, Hub $h = 450$ mm.

probung, die für das Erkennen von Unregelmäßigkeiten sehr wertvoll ist, vom Maschinenpersonal nur vorgenommen, wenn das Abstellen des einzelnen Zylinders an der Brennstoffpumpe mit einer Hand in kürzester Zeit — in einer Sekunde — bewerkstelligt werden kann.

Wenn im Betriebe ein klopfendes Geräusch an der Maschine auftritt, hat man zuerst festzustellen, ob das Geräusch auf eine scharfe Zündung oder auf das Klopfen eines Lagers zurückzuführen ist. In ersterem Fall wird man leicht mit Hilfe des Indikators nähere Aufschlüsse über die Ursache und den Weg zur Abhilfe finden. Wenn ein Lager klopft, überträgt sich das Geräusch oft auf benachbarte Maschinenteile. Es gehört dann viel Übung dazu, um die Stelle, von der das Geräusch ausgeht, ausfindig zu machen. Zur Feststellung läßt man zweckmäßig die Maschine in den verschiedenen Gangarten laufen und treibt sie, wenn es sich machen läßt, ohne Brennstoff und Anlaßluft von der getriebenen Maschine aus an. Einen Anhalt über die Stelle, von der das klopfende Geräusch ausgeht, kann man auch auf die Weise erhalten, daß man bei langsamer Drehzahl feststellt, in welcher Stellung sich die Kurbelwelle befindet, wenn der Schlag gehört wird. Schubstangenlager können z. B. nur klopfen, wenn der zugehörige Kolben im Totpunkt steht.

Die erste Inbetriebnahme einer Dieselmaschine nach einer längeren Überholung darf nur von kurzer Dauer — 5 bis 10 Minuten — sein; nach dem Stillsetzen werden sämtliche Lager, vor allem Kreuzkopf- und Schubstangenlager mit der Hand auf Erwärmung untersucht. Wenn an einem Lager erhöhte Temperaturen festgestellt werden, wird man die Lagerschale etwas lösen und dann die Maschine vorsichtig weiter in Betrieb nehmen. Ganz besondere Vorsicht ist bei der ersten Erprobung anzuwenden, wenn in die Maschine neue Kolben eingebaut sind. Wenn in einem solchen Falle irgendeine Unregelmäßigkeit festgestellt wird — sei es, daß in einem Zylinder ein klopfendes Geräusch auftritt oder daß das aus einem Zylinder abfließende Kühlwasser oder das aus einem Kolben abfließende Kühlöl besonders stark erwärmt wird — muß die Maschine sofort abgestellt und der betreffende Kolben ausgebaut werden. Die Störungen an neu eingebauten Kolben treten gewöhnlich erst nach längerer Betriebszeit — $^{1}/_{2}$ bis 3 Stunden — auf; sie sind besonders gefährlich, weil ein warmlaufender Kolben schon wenige Minuten, nachdem das erste Geräusch festgestellt werden kann, in der Laufbüchse festfrißt und große Beschädigungen verursacht. Mit Rücksicht auf die große Gefahr, die mit einer zu spät erkannten Kolbenstörung verbunden ist, werden oft neue Kolben, nachdem sie 1—2 Stunden mit Vollast unter dauernder Beaufsichtigung ohne Störung gelaufen sind, wieder ausgebaut und besichtigt, bevor sie in den normalen Betrieb übernommen werden. Diese Vorsichtsmaßnahme kann allerdings nur dann angewandt werden, wenn genügend Zeit zur Verfügung steht.

Während des Betriebs müssen alle Luftleitungen in Zwischenräumen von $^{1}/_{4}$ Stunde entwässert werden. Zu diesem Zweck sind Entwässerungsleitungen an den tiefsten Stellen der Luftleitungen — auf den Böden der Luftkühler und Luftflaschen und an Sackstellen in der Einblaseluftleitung — angebracht. Die Entwässerungsleitungen sind in einem Ventilkasten zusammengeführt, wo sie am Ende je mit einem Ventil abgeschlossen sind. Von Zeit zu Zeit, etwa alle Viertelstunde einmal, werden nacheinander alle Ventile für 5—10 Sekunden geöffnet; dabei wird der austretende Luftstrom durch Zwischenhalten der Hand auf Verschmutzung beobachtet. Tritt aus einem Entwässerungsventil mit der Luft viel Wasser oder Öl aus, so muß die betreffende Leitung besonders oft und gründlich entwässert werden. Nachdem die Maschine einige Zeit gelaufen ist, empfiehlt es sich, eine Ölprobe aus der Schmierölleitung abzuzapfen und in einem Glas etwa 6 Stunden stehen zu lassen, um festzustellen, ob sich am Boden des Glases Wasser abscheidet. Eine Maschine, bei der mit der Zeit Wasser — besonders Seewasser — ins Schmieröl gelangt, darf nicht in Betrieb gehalten werden, da sonst schwere Maschinenbeschädigungen eintreten können.

Eine der wichtigsten Maßnahmen, die einen sicheren Betrieb mit Schiffsdieselmaschinen ermöglichen, ist dauernde Prüfung aller kontrollierbaren Meßwerte. Die Temperaturen des aus den einzelnen Kolben abfließenden Kühlöles und des Kühlwassers an den verschiedenen Stellen, die Zwischendrucke in den Verdichterstufen müssen ebenso wie die beim Betriebe auftretenden Geräusche ständig beobachtet werden, da durch sofortiges Erkennen irgend einer Unregelmäßigkeit oft großem Schaden vorgebeugt werden kann. Von Zeit zu Zeit wird man die Arbeitszylinder indizieren, wobei folgendes zu beachten ist.

3. Das Indizieren.

Das Indizieren einer Dieselmaschine erfordert wesentlich mehr Sorgfalt als das Indizieren z. B. einer Dampfmaschine. Es treten höhere Drucke auf; der Indikator ist höheren Temperaturen ausgesetzt; wegen der heißen Gase ist besonders gründliche Schmierung des Indikatorkolbens nötig. Von Maschinisten, die lange Zeit eine Dampfmaschine bedient haben, werden diese Unterschiede vielfach nicht genügend beachtet und beim Indizieren der Dieselmaschine grobe Fehler begangen.

Zum Indizieren der Dieselmaschine ist ein Hahn, der durch Drehung um 90° aus der geschlossenen in die geöffnete Stellung gebracht wird, ungeeignet. Die Hähne, die ursprünglich auch auf U-Booten viel verwendet wurden, halten gegen die hohen Drücke nicht dicht; die Schraube, die das Küken festhält, wird dann so lange nachgezogen, bis das Küken festsitzt und sich überhaupt nicht mehr öffnen läßt. Zum Indizieren von Dieselmaschinen sollten nur Indizierventile (Fig. 86) verwendet werden. Das Indizierventil ist mit zwei Spindeln versehen; die größere (in Fig. 86 die rechte) dichtet die Zylinderbohrung gegen den Indikatoraum, die linke den Indikatorraum gegen die Außenluft ab. Für das Indizieren wird die linke Spindel dicht gedreht und die rechte geöffnet. Das Öffnen des linken Luftventilchens nach der

Diagrammentnahme wird vom Bedienungspersonal oft vergessen. Der Indikatorkolben steht dann bei geringer Undichtigkeit des Abschlusses dauernd unter der Einwirkung der heißen Zylindergase, was für ihn sehr schädlich ist. Sobald aber das Luftventil geöffnet ist, können die kleinen Spuren von durchtretenden heißen Abgasen sofort ins Freie entweichen, so daß der Indikator nicht zu warm wird. Der Kolben des Indikators soll nach je drei Diagrammen, die mit ihm aufgenommen sind, herausgenommen und geschmiert werden. Zum Schmieren des Kolbens bei Aufnahmen von Arbeitszylinderdiagrammen wird gewöhnliches Maschinenöl — kein zu dünnflüssiges Öl, das zu rasch weggetrieben und verbrannt wird — verwendet. Mit sehr dickflüssigem Öl (Zylinderschmieröl) lassen sich zwar gut aussehende Diagramme aufnehmen, da die Zähflüssigkeit des Öles die Ausbildung von Schwin-

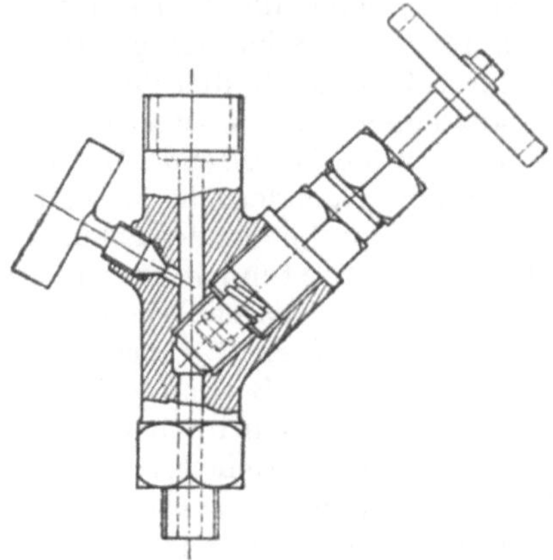

Fig. 86. Indizierventil.

gungen des Indikatorkolbens beeinträchtigt. Durch die großen Kräfte, die das dickflüssige Öl einer Bewegung des Indikatorkolbens entgegensetzt, wird aber das Diagramm verzeichnet, so daß mit Zylinderschmieröl aufgenommene Diagramme keine genauen Auswertungen ermöglichen.

Die Arbeitsdiagramme von Dieselmaschinen werden gewöhnlich mit einem Federmaßstab von 1 kg/qcm = 0,7 — 1 mm genommen. In besonderen Fällen — z. B. zur Untersuchung der Ausschub- und Ansaugevorgänge — werden Diagramme mit schwachen Federn (1 kg/qcm = 10 mm) aufgenommen, bei denen der Indikatorkolben während

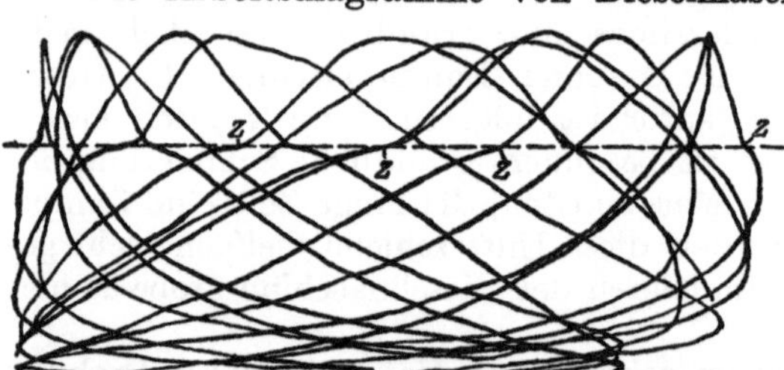

Fig. 87. Gezogenes Diagramm zur Feststellung des Verdichtungsdruckes.

der Zeit der hohen Kompressions- und Verbrennungsdrucke an einer Hemmung anliegt — daher auch vielfach Anschlagdiagramme genannt — und bei denen nur die Drucke unter 3—6 kg/qcm in ihrer wahren Größe aufgezeichnet werden.

Zur Feststellung des Verdichtungsenddruckes werden oft gezogene Diagramme genommen, bei denen der Antrieb der Indiziertrommel ausgehängt und die Trommel an der Indikatorschnur von Hand mehrmals hin und her gezogen wird. Beim gezogenen Diagramm ist die

Kompressionslinie eine leicht geschwungene S-Linie, an der der Zündungs-
punkt aus der plötzlichen Änderung des Linienverlaufes (Fig. 87,
Stelle z) ersichtlich ist.

In der Fig. 88 ist ein normales Arbeitsdiagramm wiedergegeben.
Der Druck im Zylinder wird durch Verbrennung der zuerst eintretenden Brennstoffteilchen um etwa 4 Atm. über den Verdichtungsenddruck gesteigert. Der später eintretende Brennstoff verbrennt dann
bei etwa gleichbleibendem Druck.
Der gestrichelt eingezeichnete
Linienzug aa zeigt ein Diagramm,
bei dem der Brennstoff zu spät in
den Zylinder eintritt — zu späte
Ventileröffnung oder zu geringer
Einblasedruck — und ohne wesentliche Steigerung des Druckes über
den Verdichtungsenddruck verbrennt. Die Maschine hat bei dieser
Einstellung sichtbaren Auspuff;
die Verbrennung ist unvollkommen

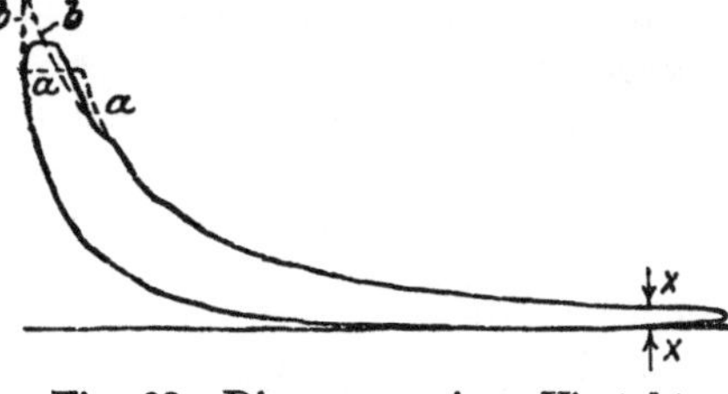

Fig. 88. Diagramm einer Viertakt-
Dieselmaschine.

und Ventile und Auspuffrohrleitung werden rasch verschmutzen. Der
gestrichelte Linienzug bb zeigt ein Diagramm mit scharfer Zündung —
zu hoher Einblasedruck oder zu frühes Eröffnen des Brennstoffventils. Die Zündung erfolgt mit hör-
barem Stoßen. An Hand des Dia-
gramms wird der richtige Zündbeginn eingestellt, was sich gewöhnlich
durch Veränderung der Rollenlose
bewirken läßt. In Fig. 89 ist ein
fehlerhaft genommenes Diagramm
wiedergegeben, das in der Praxis
öfters in ähnlicher Form zu finden
ist. Die Verzeichnung ist auf eine

Fig. 89. Fehlerhaft genommenes
Diagramm.

Verstopfung der Indiziervorrichtung oder auf ungenügende Öffnung
des Indizierventiles zurückzuführen.

Die Diagramme der einzelnen Zylinder sollen gleiche Fläche um-
schließen, damit die Zylinder gleich hoch belastet sind. Die Bestimmung der Fläche erfolgt entweder mittels Planimeters oder angenähert
durch Messung der Strecke $x-x$ (Fig. 88), die den Druck im Zylinder
bei Öffnen des Auslaßventils anzeigt. Wenn an den Zylindern Diagramme von verschiedener Fläche erhalten werden, muß die Brennstoffverteilung an der Brennstoffpumpe entsprechend nachgeregelt werden.
Ein guter Anhalt für die Einstellung der Maschine ist ferner der höchste
Verbrennungsdruck, der in jedem Diagramm etwa den gleichen nicht
zu hohen Wert haben soll.

4. Höhe des Kompressionsdruckes in den Arbeitszylindern.

Die Verdichtung der Frischluft im Arbeitszylinder während des Kompressionshubes erfolgt annähernd adiabatisch. Zu Beginn der Verdichtung nimmt die kalte Frischluft etwas Wärme von der Wandung auf, gegen Ende der Verdichtung wird von der erhitzten Luft etwas Wärme an die Wandung abgegeben. Da aber die Temperaturunterschiede zwischen Wandung und Luft verhältnismäßig gering sind, bleibt der Wärmeübergang in engen Grenzen und der Verdichtungsexponent in der Formel $p \cdot v^n = $ const. ist etwa gleich dem adiabatischen Exponenten $n = \varkappa = 1{,}4$.

Wie hoch soll verdichtet werden? So hoch, daß die Selbstzündung des in den Arbeitszylinder eingespritzten Gemisches aus Luft und Brennstoff jederzeit sicher erfolgt, aber keine Atmosphäre höher. Je höher verdichtet wird, desto höher werden die Verbrennungsdrücke und -temperaturen im Zylinder, desto geringer wird die Betriebssicherheit und Lebensdauer der Maschine. Da aber die Betriebssicherheit der Dieselmaschinen (namentlich der schnellaufenden) einerseits nicht immer über alle Kritik erhaben und anderseits viel wichtiger als der Brennstoffverbrauch ist, soll das Verdichtungsverhältnis so niedrig, wie es die sichere Zündung eben zuläßt, gewählt werden.

Wenn die Maschine einmal in Gang gebracht ist, kommt es kaum vor, daß die Zündung infolge zu niedriger Temperatur der verdichteten Luft aussetzt. Das wäre nur bei ganz niedriger Drehzahl und kleiner Last möglich, die im allgemeinen außerhalb des Verwendungsbereiches der Maschinen liegen. Dagegen kommt es beim Ansetzen der Maschine oft vor, daß die Frischluft im Arbeitszylinder bei der Verdichtung nicht warm genug wird und daß deshalb keine Zündung zustande kommt. Für die Wahl des Verdichtungsverhältnisses sind also die näheren Umstände beim Anlassen der Maschine maßgebend. Eine Dieselmaschine, von der gefordert wird, daß sie nach längerem Stillstand im Winter in einem Raume von 0° sicher anspringen soll, muß höher verdichten als eine Maschine, die in einem Maschinenhaus steht, dessen Temperatur nicht unter 15° C sinkt. Ferner ist der Grad der Sicherheit, mit dem die Maschine anspringen muß, für die Wahl des Verdichtungsverhältnisses mitbestimmend. Wenn bei einer Maschine die Anlaßflaschen nach vergeblichen Anlaßversuchen rasch wieder von anderer Stelle aus aufgefüllt werden können, so genügt ein geringerer Verdichtungsenddruck (bei dem unter Umständen vergebliche Anlaßversuche vorkommen können) als bei einer Maschine, der keine Reserveanlaßluft zur Verfügung steht. An Bord von Schiffen ist es vorteilhaft, wenn man die Maschine vor dem Anlassen mit Dampf, der in die Kühlräume eingeleitet wird, vorwärmt oder wenn man wenigstens den Maschinenraum im Winter durch Anstellen einer Dampfheizung vorwärmen kann. Bei Maschinen, die nicht sicher zünden, stellt man das Kühlwasser erst an, nachdem die Maschine in Gang gebracht worden ist. Zu beachten ist ferner, daß eine Maschine bei den Abnahmeversuchen auf dem Probestand der Baufirma immer sicher anspringen wird, da die Maschine von einem außergewöhnlich erfahrenen Personal bedient und jeder kleine Fehler sofort bemerkt und beseitigt wird. Im praktischen Betrieb ist das aber nicht in so weitgehendem Maße der Fall. Die Maschine muß auch einmal mit verschmutzten und etwas durchlässigen Kolbenringen oder mit nicht ganz richtig eingestellter Steuerung für das Brennstoffventil anspringen können. Bei der Wahl des Verdichtungsverhältnisses muß deshalb mit etwas Sicherheit gerechnet werden.

Wenn keine zu weitgehenden Bedingungen für das Anlassen der Maschine vorgeschrieben sind, kommt man bei sehr großen Maschinen von 300 PS/Zylinder mit einem Verdichtungsverhältnis $\zeta =$ (Kolbenhubraum $+$ Kompressionsraum) : Kompressionsraum von etwa 13,0 aus. Bei kleineren Maschinen muß ein etwas kleinerer Verdichtungsraum gewählt werden, so z. B. ζ etwa gleich 14,0 bei Maschinen von 100 PS/Zylinder. Man erhält dann Verdichtungsdrucke von etwa 33 bzw. 35 at. (bei warmer Maschine, 760 mm Barometerstand und normaler Drehzahl gemessen). Wenn man zur Aufzeichnung des Verdichtungsenddruckes nur die Brennstoffpumpe abstellt, die Einblaseluft aber weiter in den Zylinder durch das Brennstoffventil eintreten läßt, erhöhen sich die angegebenen Drucke um etwa 1 at. Bei kalter Maschine — z. B. kurz nach dem Ansetzen — werden um 3—5 at. niedrigere Drucke erzielt. Beim Umschalten des Anlaßhebels einer kalten Maschine von ,,Anlassen'' auf ,,Betrieb'' hat man mit Rücksicht auf die niedrigere Drehzahl der Maschine und die kalten Wandungen unter den angegebenen Verhältnissen nur 28—30 at. Verdichtungsenddruck zu erwarten.

Für das Anlassen ist die Gestaltung des Kompressionsraumes sehr wesentlich. Je geringer die abkühlende Oberfläche im Verhältnis zum Kompressionsrauminhalt ist, desto weniger Wärme wird der Verdichtungsluft bei kalten Maschinen entzogen, desto leichter ist die Maschine in Gang zu setzen. Da das Volumen mit der dritten Potenz, die Oberfläche aber nur mit der zweiten Potenz der Maschinenabmessungen wächst, lassen sich allgemein große Maschinen bei gleichem Kompressionsverhältnis leichter ansetzen als kleine Maschinen. Besonders günstig liegen die Verhältnisse bei der Junkersmaschine, die infolge des Wegfalls der Deckel eine im Vergleich zu Einkolbenmaschinen sehr kleine Oberfläche des Totraumes im Arbeitszylinder hat. Bei ihr fällt die Temperatur der Verdichtungsluft bei kalter Maschine und geringer Drehzahl nicht so stark ab. Eine Junkersmaschine kann deshalb mit geringerem Kompressionsdruck als eine Einkolbenmaschine bei gleich betriebsicherem Anlassen und langsamem Gang betrieben werden.

5. Der Einblasedruck und die Einblaseluftmenge.

Zu jeder Drehzahl und jeder Belastung gehört ein ganz bestimmter günstigster Einblasedruck, dessen Höhe bei den verschiedenen Maschinen von der Gestaltung des Zerstäubers im Brennstoffventil, dem Grad der Verdichtung usw. abhängt. Die Regelung des Einblasedruckes erfolgt entweder von Hand oder durch den Regler. Bei der letzteren Anordnung soll stets eine Handregelung zwischengeschaltet sein, mit der man den Bereich, in dem der Regler wirkt, einstellen kann. Die Handregulierung muß also betätigt werden, wenn z. B. ein anderer Brennstoff oder eine andere Einstellung der Maschine mit mehr oder weniger Voreilen höhere oder niedrigere Einblasedrucke bei allen Belastungen nötig machen.

Gewöhnlich wird der Einblasedruck nur von Hand geregelt. Die einfachste Art der Regelung ist die, bei der eine Drosselklappe in der Saugeleitung des Verdichters verstellt wird. Die Anordnung ist mit dem Nachteil verbunden, daß der Einblasedruck nur sehr langsam der Betätigung des Regelorgans folgt, da sich die Veränderung der angesaugten Luftmenge nacheinander in den einzelnen Verdichterstufen bemerkbar machen muß. Um den Einblasedruck augenblicklich der Gangart der Maschine anpassen zu können, wird oft ein Druckminderventil in die Hochdruckleitung hinter dem Verdichter eingeschaltet, das von Hand verstellt wird. Das Druckminderventil regelt, solange die Handregulierung an ihm nicht verstellt wird, konstanten — d. h. vom Enddruck des Verdichters unabhängigen — Einblasedruck. Die Luft wird also über den Einblasedruck hinaus verdichtet und in dem Druckminderventil auf den richtigen Druck heruntergedrosselt. Vor dem Druckminderventil treten bei raschen Belastungsänderungen oft starke Druckänderungen ein, die der Maschinist durch Betätigung der Drosselklappe in der Saugleitung, die auch bei dieser Anordnung nicht fehlen darf, nach Möglichkeit mildert. Ohne das Nachregeln von Hand kann theoretisch die richtige Luftmenge bei den verschiedenen Belastungen überhaupt nicht, praktisch nur unter großen Druckschwankungen erreicht werden. Denn bei einer beliebigen Stellung der Handregulierung regelt das Druckminderventil in der Druckleitung einen ganz bestimmten Einblasedruck; es wird eine ganz bestimmte, von der Förderung des Verdichters unabhängige Luftmenge verbraucht. Wenn die Drosselklappe in der Verdichtersaugleitung etwas weiter geöffnet ist als dieser Luftmenge entsprechen würde, dann steigt der Verdichterenddruck weiter und weiter an; bei den höheren Drucken hat der Verdichter einen etwas geringeren volumetrischen Wirkungsgrad. Beharrungszustand zwischen geförderter und gebrauchter Luft tritt erst dann ein, wenn die Luftförderung des Verdichters infolge der Verschlechterung des volumetrischen Wirkungsgrades auf den Luftbedarf herabgedrückt ist.

Man hat versucht, die Luftmenge selbsttätig durch Einwirkung des Verdichterenddruckes auf die Drosselklappe — neben der Regelung des Einblasedrucks durch das Druckminderventil in der Hochdruckleitung — zu regulieren. Diese Aufgabe bietet aber die Schwierigkeit, daß die Veränderung in der Einstellung der Drosselklappe erst nach geraumer Zeit in der Hochdruckstufe des Verdichters wirksam wird. Es treten deshalb leicht Überregulierungen ein. Das Nachregeln der angesaugten Luftmenge durch Verstellen der Drosselklappe von Hand wird sich deshalb bei Dieselmaschinen kaum vermeiden lassen.

Wesentlich verschieden ist die Abhängigkeit des Einblasedrucks von der Drehzahl bei Land- und bei Schiffsmaschinen. Landmaschinen laufen in der Regel bei allen Belastungen mit etwa der gleichen Drehzahl um; bei Vollast ist die niedrigste Drehzahl vorhanden, bei Leerlauf die höchste. Der Unterschied zwischen beiden Drehzahlen ist je nach der Ausbildung des Reglers zwischen 1 und 5%. Bei Vollast — also bei niedrigster Drehzahl — ist der höchste Einblasedruck, bei Leerlauf — höchster Drehzahl — der niedrigste Einblasedruck nötig. Gewöhnlich wird bei Landmaschinen auf den Einblasedruckregler verzichtet; der Maschinist stellt von Hand einen mittleren Einblasedruck ein, der für alle Drehzahlen beibehalten wird.

Bei Schiffsmaschinen treten sehr große Schwankungen in der Drehzahl auf — Höchstdrehzahl: niedrigster Drehzahl etwa $= 4 : 1$. Im Gegensatz zu den Landmaschinen ist bei niedrigster Drehzahl das kleinste Drehmoment, bei höchster Drehzahl das größte Drehmoment zu überwinden. Da sowohl Drehzahl als auch Belastung in weiten Grenzen geändert werden, ist es bei größeren Schiffsmaschinen immer nötig, den Einblasedruck dem jeweiligen Maschinengang anzupassen, also ein Druckminderventil hinter dem Verdichter einzuschalten. Der Maschinist, der bei Schiffsdieselmaschinen ohnehin stets im Maschinenraum anwesend sein muß, bedient das Druckminderventil von Hand bei Drehzahländerungen. Er sorgt durch Betätigung des Drosselventils in der Saugleitung dafür, daß der Verdichter einen höheren Druck als den für Einblasezwecke nötigen schafft, und er paßt den Einblasedruck mit dem Druckminderventil in der Hochdruckleitung der jeweiligen Gangart unabhängig vom Verdichterenddruck an. Das Druckminderventil kann auch selbsttätig von einem besonderen Regler verstellt werden. Bei den M. A. N.-Schiffsdieselmotoren z. B. erfolgt die Regelung des Einblasedrucks durch einen kleinen Servomotor, der an die Brennstoffpumpe angelenkt ist und der den Einblasedruck abhängig von der Drehzahl und der Belastung einstellt (D. R. P. 269 455).

Bei Land- und Schiffsmaschinen ist es wichtig, beim Ansetzen der Maschine niedrigen Einblasedruck zu halten, da sonst leicht scharfe Zündungen auftreten. Da gerade beim Anlassen mitunter Bedienungsfehler vorkommen, werden die Schiffsdieselmaschinen oft mit selbsttätigen Vorrichtungen zur Minderung des Einblasedrucks während der Anlaßperiode ausgerüstet.

Sehr wichtig ist es, wenn sich das Bedienungspersonal nicht nur über den Einblaseluftdruck, sondern auch über die Einblaseluftmenge stets im klaren ist. Die Luftmenge wird, wie schon vorher erwähnt, durch das Drosselventil in der Ansaugeleitung eingestellt. Die sämtliche angesaugte Luft wird auch verbraucht — mit Ausnahme der geringen Mengen, die durch die Undichtigkeiten der Verdichterkolben entweichen. Im Beharrungszustand saugen alle Stufen der

Luftpumpe die gleiche Luftmenge, die durch die Kühler zwischen den einzelnen Stufen auf etwa gleiche Temperatur gebracht ist, an Das Produkt aus angesaugtem Volumen mal Ansaugedruck hat für alle Stufen den gleichen Wert. Der Ansaugedruck der ersten Stufe, der durch die Drosselklappe in der Saugeleitung beeinflußt ist, ist nicht bekannt. Dagegen sind die Ansaugedrucke der zweiten und dritten Stufe des Verdichters, die ein wenig niedriger als die Drucke in den Zwischenbehältern sind, in angenäherten Werten an den Manometern

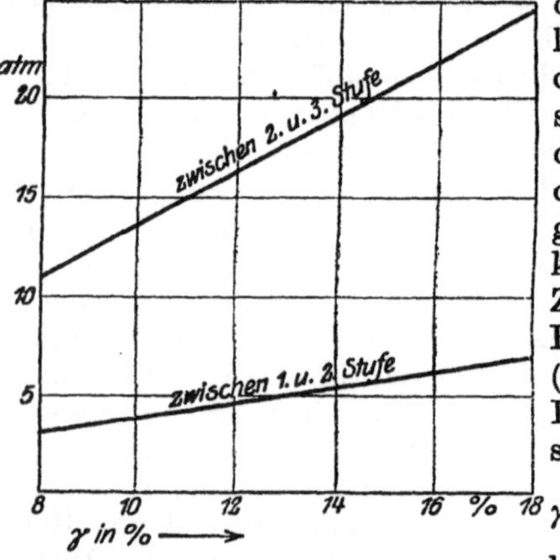

Fig. 90. Drucke in den Verdichterstufen abhängig vom Luftverbrauch.

der Zwischenbehälter — in absoluten Drucken! — ablesbar. Da die Hubvolumina der Zwischenstufen ebenfalls bekannt sind und die volumetrischen Wirkungsgrade der einzelnen Stufen etwa den gleichen Wert (0,8—0,85) haben, kann aus den Ablesungen der Zwischendrucke im Verdichter an Hand eines kleinen Kurvenblattes (Fig. 90) vom Maschinisten stets der Luftverbrauch der Maschine bestimmt werden, der in der Figur mit

$$\gamma = \frac{\text{vom Verd. anges. Luftmenge}}{\text{Hubvol. der Arbeitszyl.}}$$

bezeichnet ist. Die Angaben der Manometer an den einzelnen Zwischenstufen im ungestörten Betrieb stehen in einem ganz bestimmten Verhältnis, das angenähert dem Verhältnis der Hubvolumina der nachfolgenden Verdichterstufen gleich ist. Die Benutzung des Blättchens hat den Vorteil, daß sich der Maschinist einerseits besser über die Verhältnisse in der Maschine klar wird und anderseits Störungen in einer Stufe an dem Umstand sofort erkennt, daß die abgelesenen Drucke der verschiedenen Stufen in dem Kurvenblatte nicht übereinanderliegen.

Bei der Auswertung der Diagramme der Arbeitszylinder ist der Einfluß der eingepreßten Luft auf die indizierte Diagrammfläche zu beachten, wenn man weitergehende Überlegungen an die Ergebnisse anschließen will. Die vom Verdichter verbrauchte Leistung beträgt 8—10% der indizierten Maschinenleistung, die bei der Auswertung der Diagramme gewöhnlich ähnlich der Reibungsarbeit als Verluste gebucht werden. Tatsächlich wird aber ein Teil der im Verdichter aufgewendeten Arbeit im Arbeitszylinder wieder gewonnen. Die Einblaseluft mischt sich mit der Verbrennungsluft und vergrößert dadurch den Druck und die Arbeitsfähigkeit des Zylinderinhaltes. Angenähert verhält sich das Gemisch nach Austausch der Temperaturunterschiede ebenso, wie wenn Verbrennungsluft und Einblaseluft mit ihren ursprünglichen Temperaturen nebeneinander, durch eine isolierende Wand getrennt, expandieren würden. Die indizierte Diagrammfläche wird durch die Einblaseluft vergrößert und der indizierte Wirkungsgrad, der einen Maßstab geben soll für die Güte der Verbrennung, wird erhöht. Das Bestreben liegt deshalb nahe, die durch die Einblaseluft erfolgte Mehrung der Diagrammfläche von der indizierten Leistung abzuziehen, so daß der verbleibende Rest an indizierter Leistung allein die Umsetzung von Wärme in Arbeit im Arbeitszylinder wiedergibt. Der wirkliche Arbeitsvorgang soll also mit einem ideellen Arbeitsvorgang verglichen werden, bei dem der Brennstoff ohne Einblaseluft in den Zylinder eingespritzt wird und in gleich vollkommener Weise wie beim tatsächlichen Arbeitsvorgang verbrennt, und bei dem nebenher die Einblaseluft ohne Mischung mit den Verbrennungsgasen expandiert.

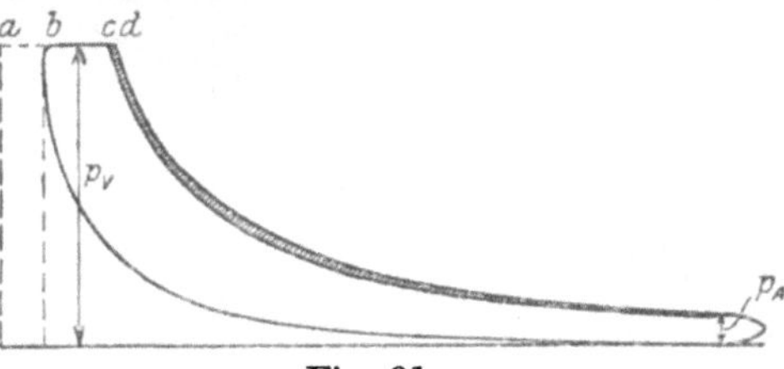

Fig. 91.

In Fig. 91, die das Diagramm einer Viertaktdieselmaschine darstellt, beginnt im Punkte d die Expansion, nachdem auf dem Wege b—d der Brennstoff unter gleichem Druck verbrannt ist. a—b gibt das Volumen des Kompressionsraumes wieder. Vom Gesamtvolumen a—d des Zylinderinhaltes bei Beginn der Expansion ist das Stück c—d abgeteilt, das das Volumen der Einspritzluft beim Verbrennungsdruck p_V (etwa 40 at.) und bei Raumtemperatur von etwa 20° vorstellt. Unter der Annahme, daß die Einblaseluft für sich isothermisch[1]) expandiert, wird von der Einblaseluft die durch Schraffur hervorgehobene Arbeitsfläche geleistet. Die Expansion der Einblaseluft möge bei 40 at. beginnen und das Auslaßventil bei p_A at. geöffnet werden; dann wird von der Einblaseluft eine bestimmte Arbeit geleistet, die nur von der Einblaseluftmenge — also dem Druck in einer Zwischenstufe des Verdichters — abhängt. Bei eingehenden Untersuchungen sollte die indizierte Arbeit der Einblaseluft $V \cdot (p_\varepsilon)_{\text{ind}}$ von der gesamten indizierten Leistung $V \cdot p_i$ abgezogen werden. (V ist das Hubvolumen des Arbeitskolbens.) Der indizierte Wirkungsgrad ist dann $\dfrac{[p_i - (p_\varepsilon)_{\text{ind}}] \cdot V \cdot \text{const}}{\text{zugeführte Wärme}}$ und der effektive Wirkungsgrad ist

$$\frac{\text{Wellenleistung}}{[p_i - (p_\varepsilon)_{\text{ind}}] \cdot V \cdot \text{const}}.$$

Die Arbeit der Einblaseluft sollte namentlich dann berücksichtigt werden, wenn die Ergebnisse von Maschinen mit verschieden großen Einblasepumpen verglichen werden. So könnte z. B. beim Vergleich von zwei Maschinen, die den gleichen Gesamtwirkungsgrad haben, von denen aber die eine infolge besonderer Gestaltung des Zerstäuber, einen doppelt so großen Einblaseluftverbrauch — bei der einen Maschine

---

[1]) Die Annahme der Isotherme ist willkürlich und nur durch Abwägung der verschiedenen zu berücksichtigenden Einflüsse zu stützen.

$\gamma = 0,12$, bei der anderen $\gamma = 0,06$ — wie die andere hat, herauskommen, daß der indizierte Wirkungsgrad bei der ersteren Maschine ohne Berücksichtigung des Einflusses der Einblaseluft günstiger und der effektive Wirkungsgrad ungünstiger ist als bei der zweiten Maschine. Der Unterschied in den indizierten Wirkungsgraden mag im vorliegenden Fall allein auf die verschieden große Arbeitsleistung der Einblaseluft zurückzuführen sein. Der indizierte Wirkungsgrad soll aber ein Wertmesser für die Güte der Leistungsumsetzung im Arbeitszylinder bilden, und das kann er nur, wenn die Arbeitsleistung der Einblaseluft von der indizierten Diagrammfläche abgezogen wird. Die Berücksichtigung der Einblaseluft im Sinne der vorausgehenden Ausführungen bewirkt im allgemeinen einen Abzug von 0,2—0,3 at. vom mittleren Druck der Arbeitsdiagrammfläche. Der Umstand, daß die Einblaseluft das für die Verbrennung zur Verfügung stehende Luftgewicht im Arbeitszylinder mehrt und daß deshalb eine größere Brennstoffmenge verbrannt werden kann, wird durch die obige Korrektur nicht berücksichtigt.

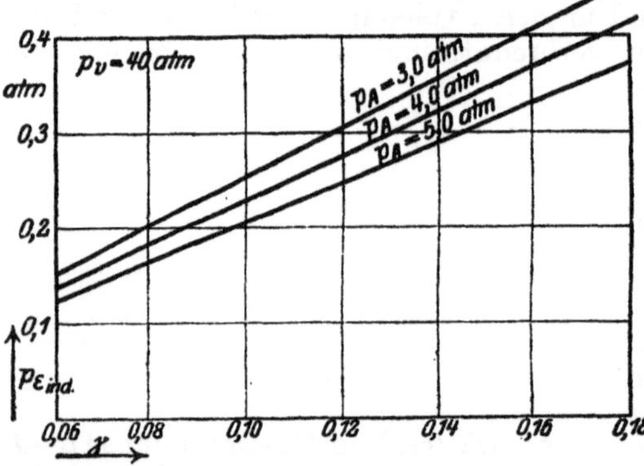

Fig. 92. Einfluß der Einblaseluftmenge auf den indizierten Druck im Arbeitszylinder.

In Fig. 92 ist ein Kurvenblättchen wiedergegeben, wie es zur Berücksichtigung der Arbeit der Einblaseluft bei der Expansion im Arbeitszylinder benutzt werden kann. Der Verbrennungsdruck p_V ist mit 40 Atm., der Druck p_A beim Öffnen der Auslaßventile (oder Schlitze) mit 3, 4 und 5 Atm. abs. angenommen. Der indizierte Druck $(p_\varepsilon)_{\mathrm{ind}}$ der Einblaseluft im Arbeitszylinder ist abhängig von der Einblaseluftmenge (ausgedrückt in Prozenten des Arbeitskolbenhubvolumens und zu entnehmen aus Fig. 90) aufgetragen.

6. Störungen im Betrieb.

Allen größeren schnellaufenden Dieselmaschinen werden von der Lieferfirma Betriebsvorschriften beigegeben sein, aus denen die hauptsächlichsten Störungen und die dagegen zu ergreifenden Maßnahmen zu ersehen sind. Neben den für jede Maschinengattung besonderen Störungsquellen können folgende für alle Maschinentypen gültigen Angaben gemacht werden:

a) Die Maschine kommt beim Anlassen mit Luft nicht auf Drehzahl.

Ursachen: Die Anlaßsteuerung ist gestört.

Ein Anlaßventil ist hängengeblieben.

Die Anlaßluft wird im Hauptanlaßventil zu stark gedrosselt.

Die Kolben sind nicht geschmiert evtl. festgerostet.

b) Die Maschine zündet nicht beim Umschalten auf Betrieb.

Ursachen: Die Maschine ist zu kalt. (Wenn genügend Anlaßluft vorhanden, Anlassen nochmals versuchen!)

Die Brennstoffventile bekommen keinen Brennstoff. (Brennstoffdruckleitung abrevidieren! Mit Brennstoffhandpumpe nochmals Brennstoff bei geöffnetem Probierventil durchpumpen!)

Die Brennstoffregulierung steht auf zu geringer Füllung.

Der Einblasedruck ist zu hoch, der Brennstoff tritt deshalb mit zu viel kalter Luft vermischt in den Zylinder ein.

c) Die Maschine bleibt plötzlich stehen.

Ursache: Der Brennstoffbehälter ist leer gefahren.

d) Die Drehzahl oder die Leistung gehen zurück.

Ursachen: Ein oder mehrere Zylinder setzen mit der Zündung aus, weil sie keinen Brennstoff bekommen oder weil Einlaß- oder Auslaßventile hängengeblieben sind. (Zylinder indizieren!)

Ein Kolben fängt an, sich festzufressen (gleichzeitig klopfende Geräusche hörbar; Maschine sofort abstellen!).

Der Einblasedruck ist zu tief gesunken. (Maschine rußt gleichzeitig.)

e) Die Maschine klopft.
(Maschine abstellen; wenn Ursache nicht festgestellt werden kann, wieder anstellen und indizieren.)

Ursachen: Ein Lager wird warm.

Ein Kolben beginnt zu fressen.

Der Luftpumpenkolben hat zu geringen Totraum.

Ein Brennstoffventil ist in der Stopfbüchsenpackung hängengeblieben.

Ein Lager hat zu viel Lose.

Der Einblasedruck ist zu hoch.

f) Das Sicherheitsventil eines Zylinders tritt in Tätigkeit.

Ursache: Eine Brennstoffnadel ist in der Stopfbüchsenpackung hängengeblieben (Nadel drehen, Stopfbüchsenpackung vorsichtig lösen).

g) Die Einblaseluft entweicht aus der Stoffbüchsenpackung des Brennstoffventils längs der Brennstoffnadel.

(Packung vorsichtig unter Beigabe einiger Tropfen Zylinderschmieröl nachziehen, evtl. Nadel neu verpacken. Wenn auch dies erfolglos, ist wahrscheinlich Nadel krumm. Krumme Nadeln müssen ausgewechselt werden.)

h) Die Maschine rußt in normalem Zustande.

(Maschine indizieren; wenn möglich einen Zylinder nach dem andern abschalten und Auspuff besichtigen.)

Ursachen: Der Einblasedruck ist zu niedrig.

Die Maschine ist überlastet oder einzelne Zylinder sind überlastet.

Durch Undichtigkeiten des Kolbens oder eines Ventils entweicht ein Teil der Verbrennungsluft (besonders niedrige Kompressionsdrücke im Diagramm). Die Zerstäuber sind verschmutzt.

i) Die Maschine hat weißlichen Auspuff.

Ursache: Es tritt Wasser in die Auspuffleitung oder in einen Arbeitszylinder ein. (Letzterer Fall nach Öffnen der einzelnen Indizierventile sofort zu erkennen.)

k) An einem Zylinder werden besonders volle Diagramme erhalten.

Ursachen: Indizierleitung ist teilweise verstopft.

Der Arbeitskolben saugt zuviel Schmieröl hoch, weil die Kurbel in das nicht genügend rasch aus der Wanne abfließende Öl schlägt. (Maschine rußt gleichzeitig.)

Störung an der Brennstoffpumpe.

l) Ein Lager läuft warm.

Ursachen: Das Lager ist mit zu geringer oder ohne jede Lose festgezogen.

Das Lager erhält zu wenig Öl. (Ölzuleitung verstopft, oder zu geringer Ölstand im Behälter oder Schmieröl mit Wasser vermischt.)

m) Die Einblasepumpe schafft zu wenig Luft.

Ursachen: Der Einblasepumpenkolben hat zuviel Luft im Zylinder oder der Zylinder ist unrund ausgelaufen.

Die Kolbenringe sitzen fest.

Die Ventile sind undicht.

Sehr oft liegt die Störung aber nicht an der Pumpe selbst, sondern an zu großem Verbrauch, also:

Die Brennstoffventile sind mit besonders viel Voreilen eingestellt.

Eine oder mehrere Brennstoffventilnadeln blasen in der Stopfbüchse.

Die Einblaseleitung ist undicht.

Die Nadeln halten am Sitz nicht genügend dicht, es entweicht also dauernd Luft durch die Nadeln in den Zylinder. (Druckprobe bei abgestellter Maschine und geöffneten Indizierventilen: Die Steuerung liegt auf „Halt"; es wird Einblaseluft auf die Brennstoffventile gegeben; der Kolben in dem zu untersuchenden Zylinder steht in einer Stellung, in der kein Ventil geöffnet ist; eine undichte Nadel verrät sich an dem aus dem Indikatorstutzen austretenden Luftstrom.)

n) Der Verdichtungsenddruck in einem Arbeitszylinder geht mit der Zeit mehr und mehr zurück.

Ursachen: Die Schubstange ist (gewöhnlich infolge von Wasserschlag) durchgebogen und der Totraum infolgedessen vergrößert worden.

Die Ringe am Arbeitskolben sind durch verkoktes Öl festgebrannt. (Der Kolben muß herausgenommen und die Ringe müssen durch Abwaschen mit Brennstoff wieder gangbar gemacht oder gegebenenfalls ausgewechselt werden.)

7. Das Abstellen der Maschine.

Sofort nach Stillsetzen der Maschine werden folgende Arbeiten ausgeführt:

1. Die Kolbennachkühlpumpe, die ein Verkrusten des Öles in den heißen Kolben verhüten soll, wird für 5—10 Minuten in Gang gesetzt.
2. Sämtliche Entlüftungsventile werden geöffnet, nachdem man sich überzeugt hat, daß die Anlaßflasche abgeschaltet ist.
3. Bei Maschinen, bei denen die Gefahr des Übertretens von Kühlwasser in den Verbrennungsraum besteht, werden die Entwässerungsventile geöffnet und das Kühlwasser aus der Maschine abgelassen.
4. Die Indikatorventile von Arbeitszylindern und Einblasepumpe werden geöffnet.
5. Die Hähne in der Brennstoffzuleitung werden geschlossen, so daß kein Brennstoff mehr dem Saugeraum der Brennstoffpumpe zufließen kann.
6. Die Schaudeckel von der Kurbelwanne werden aufgenommen und die Lager auf Erwärmung abgefühlt. (Darf nur bei geöffneten Indizierventilen wegen der Gefahr, daß Luft in die Maschine eintritt und diese um einen kleinen Betrag gedreht wird, geschehen.)

Während eines längeren Stillstandes soll die Maschine täglich mit der Handdrehvorrichtung um $^3/_4$ oder $1^1/_4$ Umdrehung gedreht werden, damit sich die Kolben und Lagerungen nicht festsetzen.

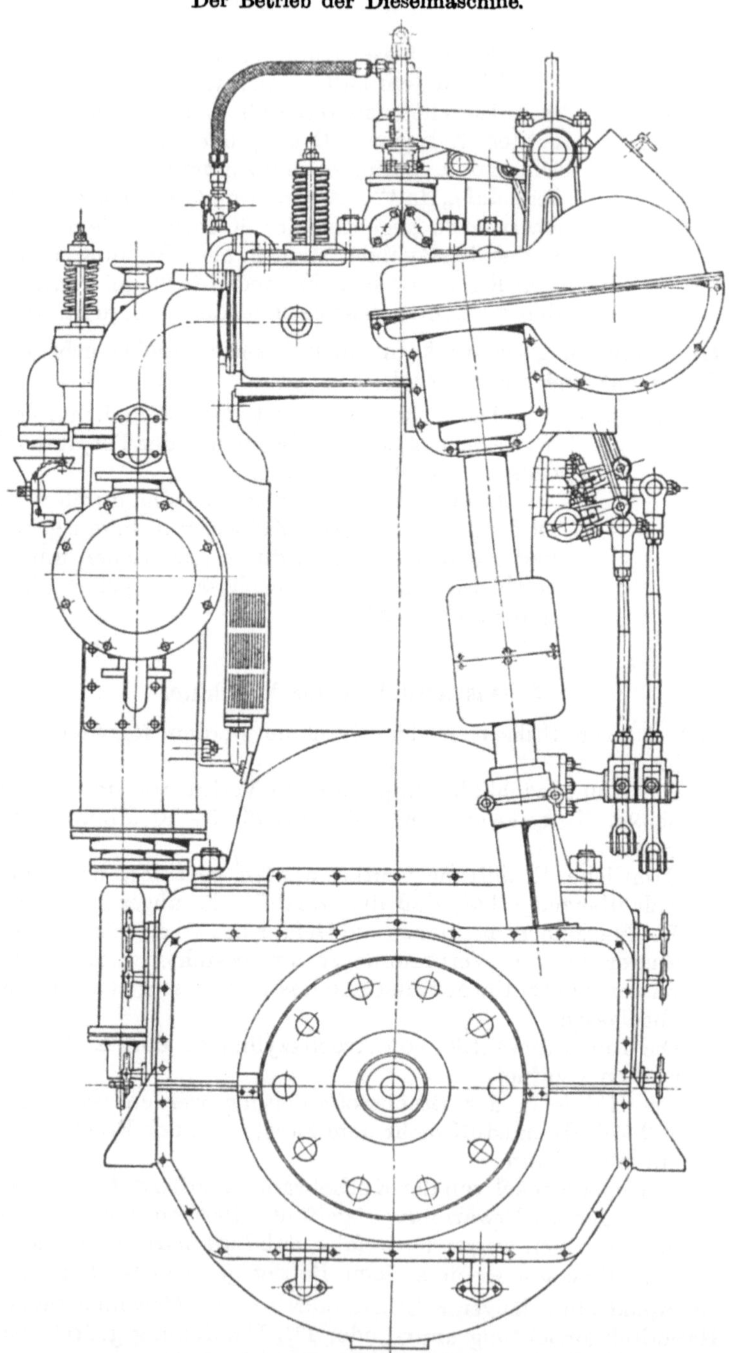

Fig. 93 u. 94. A. E. G.-Dieselmaschine, Ansicht vom Kupplungsflansch

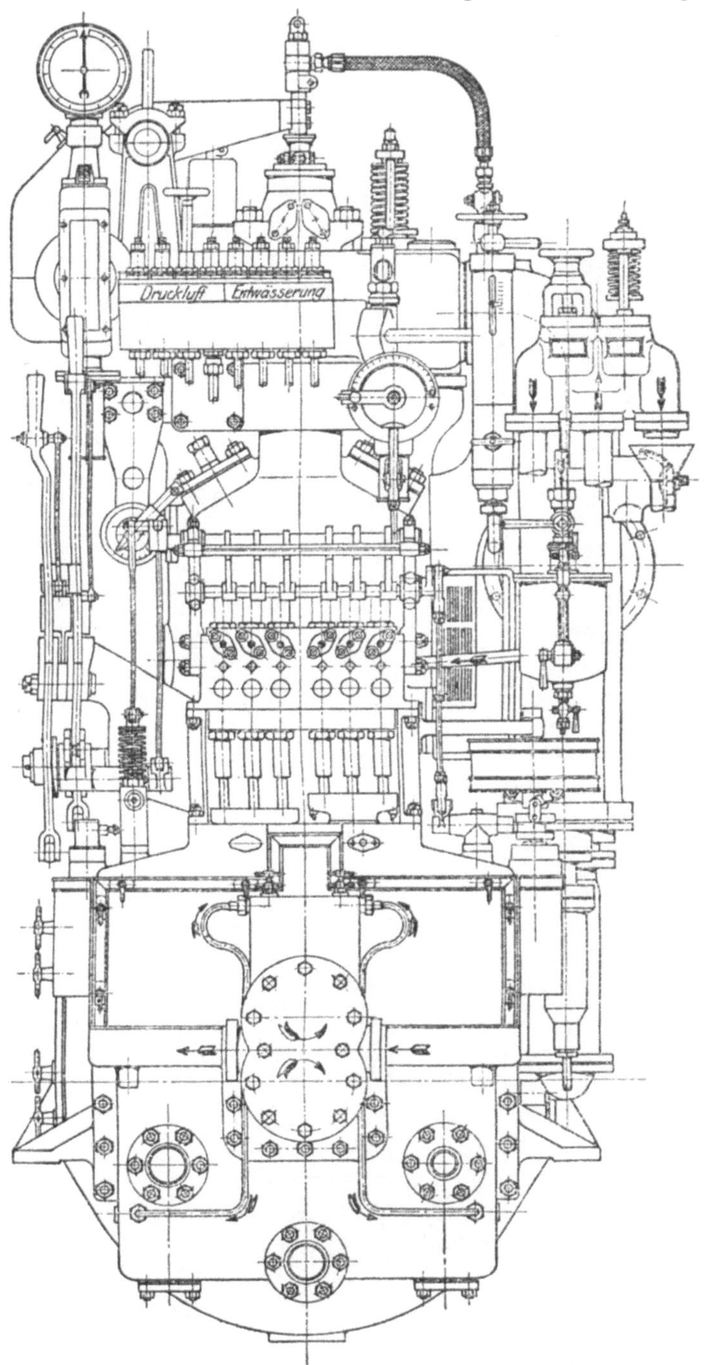

und vom Maschinistenstand aus (siehe auch Tafel IV).

Föppl, Dieselmaschinen.

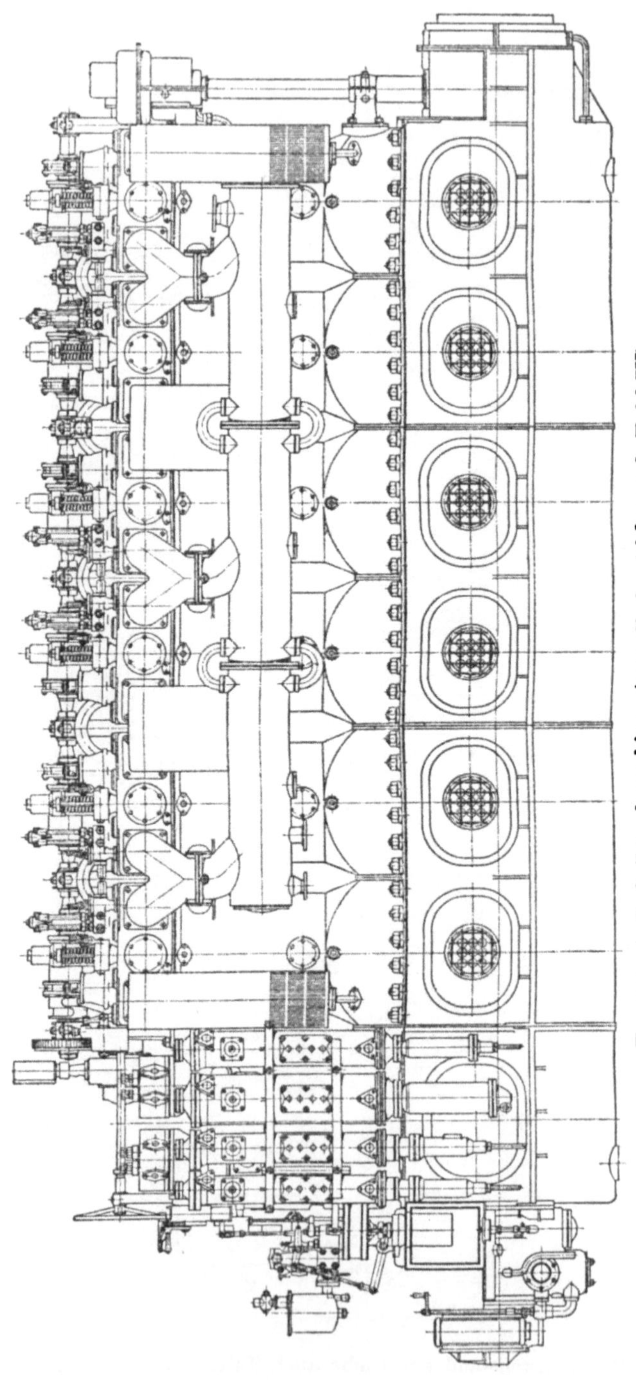

Fig. 95. A. E. G.-Dieselmaschine, Auspuffseite (siehe auch Tafel IV).

8. Probestandsversuche an Dieselmaschinen und praktische Bewährung.

Die Dieselmaschinen bauenden Firmen sammeln größtenteils ihre Erfahrungen auf dem Fabrikprobestand, wo sie allerhand Versuche an den Maschinen vornehmen und aus den Ergebnissen die Lehren und Nutzanwendungen für die neu zu bauenden Maschinen ziehen. Die Maschinen werden aber nicht für den Probestand, sondern für den praktischen Betrieb gebaut. Und zwischen dem Betrieb einer Maschine auf dem Probestand und dem praktischen Betrieb ist ein wesentlicher Unterschied. Dort wird die Bedienung der Maschine von den erfahrensten Arbeitern der Fabrik ausgeübt, hier bedienen in vielen Fällen (z. B. an Bord von Schiffen) Maschinisten, die bald mit Dampfmaschinen, bald mit Dampfturbinen, bald mit Dieselmaschinen von der oder jener Firma zu tun haben. Es kommt hinzu, daß die Maschinen im Betrieb oft nicht so frei und von allen Seiten zugänglich dastehen wie auf dem Probestand, ferner daß das eigentliche Maschinengeräusch durch Nebengeräusche gestört wird, kurz, daß die Bedienung und das sofortige Erkennen von kleinen Störungen wesentlich erschwert ist. Wenn nun an einer Maschine in der Praxis eine ernsthaftere Beschädigung eintritt, kann sehr oft die zum Schadenersatz aufgeforderte Firma darauf hinweisen, daß die Beschädigung auf den oder jenen „Bedienungsfehler" zurückzuführen ist. Bedienungsfehler sind aber im praktischen Betrieb unvermeidliche Begleiterscheinungen. Aus den obengenannten Gründen ist im Betrieb nicht alles so wie es sein soll. Die beste Maschine ist aber jene, die trotz Bedienungsfehlern am wenigsten Betriebsstörungen erleidet, bei der also das Bedienungspersonal unter normalen Umständen keine folgenschweren Bedienungsfehler macht.

An einigen Beispielen soll gezeigt werden, wie die vorstehenden Ausführungen zu verstehen sind.

Eine Schiffsdieselmaschine hat einen Abstellhahn in der Kühlwasserabflußleitung, der nach dem Stillsetzen der Maschine abgestellt und vor dem Ingangsetzen wieder angestellt wird. Das Öffnen des Hahnes wird eines Tages beim Ansetzen der Maschine vergessen. Der Maschinist bemerkt beim ersten Blick auf die Ma nometertafel, daß der Zeiger am Kühlwassermanometer gewaltig angestiegen ist, da das von der angehängten Kühlwasserpumpe geförderte Wasser nicht abfließen kann. Er springt sofort zum Hahn und öffnet ihn. Wenn kein Sicherheitsventil auf der Kühlwasserleitung sitzt, ist die Kühlwasserleitung infolge der kurzen Einwirkung des hohen Druckes an einer Stelle beschädigt und die Maschine muß unklar gemeldet werden. Grund: Bedienungsfehler. Hätte aber ein Sicherheitsventil auf der Kühlwasserleitung gesessen, dann hätte der Bedienungsfehler keine weiteren Nachteile für die Maschine zur Folge gehabt.

Oder eine Maschine wird nach einer längeren Überholung wieder in Gang gesetzt und kommt nicht auf genügend hohen Einblasedruck. Nach verschiedenen vergeblichen Versuchen des Bedienungspersonals, den Fehler zu beseitigen, muß schließlich ein Monteur der Lieferfirma geholt werden. Dieser stellt durch eingehende Untersuchungen fest, daß neu aufgezogene Kolbenringe des Verdichterkolbens nicht gut angelegen haben, daß ferner ein wenig Luft durch eine kleine Undichtigkeit in der Einblaseleitung entweichen konnte und daß die Nocken mit reichlich großem Voreilen eingestellt waren. Nach Behebung sämtlicher Schäden, von denen ein jeder nur geringen Einfluß auf die Einblaseluftmenge hat, schafft der Verdichter genügend Luft, vielleicht sogar noch einen kleinen Überschuß. Die Lieferfirma schiebt die Betriebsunterbrechung auf das Bedienungspersonal, das die Schäden nicht selbst erkannt und abgestellt hat. Ein gut Teil an der Schuld trägt aber die Lieferfirma selbst, die den Verdichter nicht groß genug vorgesehen hat, so daß er trotz kleiner Störungen genügend Luft fördern kann.

Oder bei einer Maschine ist der Kolben in einem Arbeitszylinder gerissen. Nach eingehender Untersuchung aller in Frage kommenden Umstände wird festgestellt, daß sich die Brennstoffpumpe mit der Zeit verstellt hat und der betreffende Zylinder beträchtlich mehr Brennstoff zugemessen erhält als die übrigen Zylinder. Wie an anderer Stelle ausgeführt ist, kommt gerade dieser Fall in der Praxis häufig vor, ohne daß es bisher gelungen ist, eine einfache Vorrichtung zu schaffen, mit der die Brennstoffverteilung auf die einzelnen Zylinder rasch geprüft werden kann. Um die Brennstoffverteilung zu kontrollieren, müssen die einzelnen Zylinder indiziert und die Diagramme miteinander verglichen, am besten planimetriert werden, was bei einer sechszylindrigen Maschine längere Zeit in Anspruch nimmt. Die Lieferfirma kann den Beschädigungen, die durch ungleichmäßige Belastung einzelner Zylinder entstehen, vorbeugen, indem sie die Indiziervorrichtungen gut zugänglich anbringt und der Motorbesitzer, indem er sein Personal anweist, wenigstens jeden zweiten Tag einen Satz Diagramme zu nehmen. Wenn das unterlassen wird, sei es z. B. daß die Indiziervorrichtung im praktischen Betrieb nur nach großen Mühen benutzt werden kann, oder daß kein Indikator vorhanden ist, so fallen Beschädigungen der obengenannten Art in erster Linie der Lieferfirma oder dem Motorbesitzer und erst in zweiter Linie dem Bedienungspersonal zur Last.

Bei den Lieferungen für die Marine wurde die Verwertung der Betriebserfahrungen für die Neubauten durch die Tätigkeit der Unterseebootsinspektion in Kiel sehr gefördert. Jede größere Beschädigung, die an einer Dieselmaschine auftrat, wurde von den Frontstellen oder den Instandsetzungswerften an die Inspektion mitgeteilt, die ihrerseits an die Baufirma mit entsprechenden Verbesserungsvorschlägen herantrat. Da bei der Inspektion die Erfahrungen an den Maschinen der sämtlichen Lieferfirmen zusammenkamen, konnte sie die Lehren, die aus der Beschädigung an einem bestimmten Maschinentyp gezogen wurden, allen Ölmaschinenfirmen zum Nutzen bringen. Der Inspektion ist deshalb neben den Ölmaschinenfirmen ein Anteil an dem Verdienste zuzusprechen, daß der Bau von raschlaufenden Dieselmaschinen in Deutschland während des Krieges in so weitgehendem Maße vervollkommnet wurde.

Additional information of this book

(Schnellaufende Dieselmaschinen unter besonderer Berücksichtigung der während des Krieges ausgebildeten U-Boots-Dieselmaschinen und Bord-Dieseldynamos; 978-3-662-23096-1; 978-3-662-23096-1_OSFO1 is provided:

http://Extras.Springer.com

Additional information of this book

(Schnellaufende Dieselmaschinen unter besonderer Berücksichtigung
der während des Krieges ausgebildeten U-Boots-Dieselmaschinen und
Bord-Dieseldynamos; 978-3-662-23096-1; 978-3-662-23096-1_OSFO
is provided:

http://Extras.Springer.com

Additional information of this book

(Schnellaufende Dieselmaschinen unter besonderer Berücksichtigung der während des Krieges ausgebildeten U-Boots-Dieselmaschinen und Bord-Dieseldynamos; 978-3-662-23096-1; 978-3-662-23096-1_OSFO3) is provided:

http://Extras.Springer.com

Additional information of this book

*(Schnellaufende Dieselmaschinen unter besonderer Berücksichtigung
der während des Krieges ausgebildeten U-Boots-Dieselmaschinen und
Bord-Dieseldynamos; 978-3-662-23096-1; 978-3-662-23096-1_OSFO)*
is provided:

http://Extras.Springer.com

Additional information of this book

*(Schnellaufende Dieselmaschinen unter besonderer Berücksichtigung
der während des Krieges ausgebildeten U-Boots-Dieselmaschinen und
Bord-Dieseldynamos; 978-3-662-23096-1; 978-3-662-23096-1_OSFO5*
is provided:

http://Extras.Springer.com

Additional information of this book

*(Schnellaufende Dieselmaschinen unter besonderer Berücksichtigung
der während des Krieges ausgebildeten U-Boots-Dieselmaschinen und
Bord-Dieseldynamos; 978-3-662-23096-1; 978-3-662-23096-1_OSFO*
is provided:

http://Extras.Springer.com